作者简介：

罗伯·沃克（Rob Walker），专栏作家与记者，活跃于设计、科技、商业、艺术等领域，文章常刊登于《纽约时报》《大西洋月刊》《纽约客》《波士顿环球报》等知名媒体。著有《重要对象》(*Significant Objects*)和《买入》(*Buying in*)。他也同时任教于纽约视觉艺术学院设计硕士班，目前居住在美国新奥尔良市。

彼得·门德尔桑德（Peter Mendelsund），世界顶尖书籍装帧设计师。美国克诺夫出版社（Alfred A. Knopf）艺术副总监，万神殿书局（Pantheon Books）艺术总监。至今他已经为600多本书籍指导和设计封面，《纽约时报》称他为"如今活跃着的最顶尖的设计师"。《华尔街日报》称他的作品为"当代小说封面中最具辨识度与代表性的设计"。他同时也是钢琴演奏家和经典文学名著爱好者。

奥利弗·芒戴（Oliver Munday），美国知名平面设计师，常年为《纽约客》《纽约时报》《大西洋》《时代》等出版物设计插图。曾在美国克诺夫出版社担任艺术总监，目前有一个独立的设计工作室。他的作品追求"能让你停下来多想一会儿的东西"。他创作的插画、海报和封面引起了人们对众多社会问题的关注。

译者简介：

斯然畅畅，2020年获得中央美术学院艺术史博士学位，曾任职于清华大学艺术博物馆、清华大学建筑设计研究院文化遗产保护中心，现从事文化遗产保护工作。翻译作品有《视觉文化》《谁的文化？——博物馆的承诺以及关于文物的论争》《1985年以来的当代艺术理论》等。

The Art of Noticing

The Art
of
Noticing

观察的
艺术

[美] 罗伯·沃克 文　斯然畅畅 译
[美] 彼得·门德尔桑德 / 奥利弗·芒戴 图

图书在版编目（CIP）数据

观察的艺术 / (美) 罗伯·沃克文；(美) 彼得·门德尔桑德, (美) 奥利弗·芒戴图；斯然畅畅译. -- 北京：北京联合出版公司, 2022.5（2023.1重印）

ISBN 978-7-5596-5967-5

Ⅰ. ①观… Ⅱ. ①罗… ②彼… ③奥… ④斯… Ⅲ. ①思维方法—通俗读物 Ⅳ. ①B804-49

中国版本图书馆CIP数据核字(2022)第030379号

The Art of Noticing
Copyright©2019 by Rob Walker
All rights reserved
This transltion published by arrangement with Alfred A. Knopf, an imprint of The Knopf Doubleday Group, a division of Penguin Random House, LLC.
Simplified Chinese translation copyright © 2022 by GINKGO (BEIJING) BOOK CO., LTD.

本书中文简体版权归属于银杏树下(北京)图书有限责任公司
北京市版权局著作权合同登记　图字：01-2022-0326

观察的艺术

著　　者：[美]罗伯·沃克　彼得·门德尔桑德　奥利弗·芒戴
译　　者：斯然畅畅
出 品 人：赵红仕
选题策划：银杏树下
出版统筹：吴兴元
编辑统筹：郝明慧
特约编辑：刘叶茹
责任编辑：徐　樟
营销推广：ONEBOOK
装帧制造：墨白空间·李国圣

北京联合出版公司出版
（北京市西城区德外大街83号楼9层　100088）
后浪出版咨询（北京）有限责任公司发行
天津图文方嘉印刷有限公司　新华书店经销
字数110千字　889毫米×1194毫米　1/32　8印张
2022年5月第1版　2023年1月第3次印刷
ISBN 978-7-5596-5967-5
定价：82.00元

后浪出版咨询(北京)有限责任公司　版权所有，侵权必究
投诉信箱：copyright@hinabook.com　　fawu@hinabook.com
未经许可，不得以任何方式复制或者抄袭本书部分或全部内容
本书若有印、装质量问题，请与本公司联系调换，电话010-64072833

献给e

目 录

引 言 3

1 观 看 14
2 感 受 70
3 去转转 108
4 与他人建立联系 148
5 独 处 192

后 记 241
致 谢 242
参考资料与拓展阅读 244
重要媒体评论 247

人生万一不知道要做什么：

  那就用心留意一下

  自己把注意力放在

  哪里了。

差不多就有头绪了。

——绘本作家艾米·克鲁斯·罗森塔尔（Amy Krouse Rosenthal）

引　言

一次给年轻人做演讲时，苏珊·桑塔格说："要运用注意力。"她当时谈的是艺术创作，但这个建议对生活也同样适用。

生命中，你总是有各种各样逃避的借口，种种责任纷至沓来，让你无比疲倦，这些都会限制你人生的宽度。但人生的全部意义就在于，尽自己所能从外面的世界获取最多的东西。世间之事，全在用心。你的注意力就是你的生命力。它让你和他人产生联结，让你感到渴望。要永远保持渴望。

保持渴望，保持同他人的联结，在平凡的日常中寻找自己感兴趣的事，留意别人忽视的东西——这些技巧一般人很难做到，但却十分重要。

"看"和"看见"的区别，"听"和"倾听"的区别，也全在于你用不用心。坦然接受这个世界原本的样子，还是观察到这样的世界会对自己产生什么样的影响，这二者之间的区别也全在于你用心与否。

懂得用心观察很重要，它会让你快乐，它就是这本书的精髓。

用心观察的机会

电影制作人詹姆斯·本宁（James Benning）有次谈起他在加州艺术学院教授的一门课，名为"看与听"。后来，他描写了课上的一

比任何事都重要的，

是学会用心观察。

——艺术家罗伯特·埃尔文（Robert Irwin）

项练习："我会带 10 到 12 名学生去一个特定的地点（比如中央谷地的油田、洛杉矶市中心附近无家可归者的聚集地、莫哈韦山脚下长达 1 千米的人工挖掘隧道，等等），让他们进行观察练习。

当我在一本名为"闭眼画画"的书中，读到本宁写给艺术系学生创意作业的评语时，"练习用心观察"这个短语让我印象深刻，念念不忘。

当时我正在策划一门为期五周的课程，直到现在，我还在为纽约视觉艺术学院产品设计专业的研究生讲授这门课。每一年，当我们的课程进行到某个阶段，我都会要求学生在下次课前"练习用心观察"。这项练习没有任何可参照的标准。每个学生都以不同的方式，来破解这项要求模糊的练习。

在课堂上，我的目标是激发他们去思考自己注意到了什么、错过了什么、为什么这很重要，以及如何成为更好、更深入、更有创见的"世界与自我的观察者"。这反过来又成为本书的灵感来源。对于设计师而言，"用心观察"是一项非常重要的技能。

不过话又说回来，成为美国作家索尔·贝娄（Saul Bellow）所称的"一流观察者"，对任何一种创作过程都至关重要。这就需要培养一种能力：既能注意到他人忽视的事物，也能把迷人的现实作为一种全新和偶然的赠予对象。我在本书讲到的"创意过程"，适用于各行各业。科学家、企业家、摄影师、教练——人人都是依靠这样的能力,才注意到了那些别人视而不见的东西。

棒球高管比利·比恩(Billy Beane)因注意到别人忽略的数据而获得了成功。

海洋生物学家雷切尔·卡森(Rachel Carson)注意到杀虫剂极其隐蔽(而且致命)的副作用,因此发起了现代环保运动。

企业家沃伦·巴菲特(Warren Buffett)注意到被低估的公司,成了有史以来最成功的投资者。

喜剧演员杰瑞·宋飞(Jerry Seinfeld)的"关注性"喜剧,以敏锐的双眼,揭露了大家习以为常的荒谬事物。

任何有兴趣进行创造性思考的人,都需要留意别人忽视的东西,从而摆脱干扰,关注这个世界。成功的教师、医生、律师、小企业主和中层管理人员,每天都会发现其他人没发现的微妙线索和细节,从而超越平庸之人。

事实上,这就是为什么谷歌(Google)和高盛(Goldman Sachs)等公司都推出了一些项目,旨在帮助员工对抗"分心文化",重拾注意力和创造力:这些项目通常是在冥想或正念训练的支持下进行的。正因为如此,德怀特·艾森豪威尔(Dwight Eisenhower)和詹姆斯·马蒂斯(James Mattis)等军方领导人,一直在强调排除干扰,做出明智而深思熟虑的决定是一种美德。

集中注意力、养成用心观察的习惯,有助于培养原创性的视角,拥有截然不同的观点。这是我试图教给学生的一些东西,也是我自己平日练习的重要内容。

然而,用心观察并不容易。

注意力恐慌

1903年,哲学家乔治·西梅尔（Georg Simmel）抱怨现代生活的刺激消磨了感官,使我们变得迟钝、冷漠,无法专注于真正重要的事情。

20世纪50年代,作家威廉·怀特（William Whyte）在《生活》杂志上哀叹：广告牌、霓虹灯招牌正在把美国壮丽的自然风光变成公路边绵延不绝的"分心带"。

经济学家赫伯·西蒙（Herb Simon）则于1971年警告说："信息过剩造成了注意力的匮乏。"

种种外部力量都在试图吸引我们的注意力,这种感觉并不新鲜——但今天尤为强烈。广告牌、商店橱窗、令人上瘾的游戏、没完没了的循环新闻和商业广告,从四面八方吸引着我们。就在随身携带的口袋大小的屏幕中,也流动着无数分散注意力的东西。根据各类研究数据,普通的智能手机用户,每天会查看手机150次,也就是说,每6分钟一次。如果加上触摸、滑动或点击的次数,总共会超过2500次。

这种感觉就像是：我们所知的每一个人、每一家企业、每一件事都想要得到我们的注意力。研究人员将我们被物质世界与虚拟世界瓜分注意力的心理状态,称为"多重意识",它破坏了我们与周遭现实中人和事之间的互动。

也许,我们在分心这件事上早已登峰造极。一众雄辩的评论家已阐明,21世纪的注意力恐慌究竟是什么。事实上,许多人都是通过使用随身的电子设备来抱怨设备所造成的影响。社交控（FOMO：

> **在未来的一个世纪,**
> **最需要保存和保护的人力资源**
> **很可能就是我们自己的**
> **意识与心理空间。**
>
> —— 美国法学教授吴修铭

害怕错过)本身就是一个关于我们对热门话题不健康的、痴迷的……无休止的热门话题。

不过,这些事实你早都知道了。本书的出现并不是为了强化注意力恐慌。相反,它是为了给你提供一个有用的建议:如果我们的注意力涣散已登峰造极,此刻便再也没有更重要的事情了——花点时间停一下,练习用心观察,将注意力集中起来。

好消息是我们有能力做到这一点。

的确,正如许多人所观察到的,人类的分心——我们本能地会被闪闪发光的物体所吸引——是天生的,是进化的结果。

但另一个事实是,人类又比其他任何生物都更能驾驭自己的本能。正因为如此,注意力分散的盛行与冥想和正念的流行同时存在,并非巧合:我们知道自己被分散了注意力,因而更渴望清晰地看到这个世界;我们也知道,我们可以学会把注意力集中到我们想要关注的地方。

简言之,我们之所以生而为人,关键就在于我们能运用注意力。

观察的乐趣

深度注意力使灵魂受益。

然而,不幸的是,我们并非时刻都能感觉到这真有那么重要。面对不断增长的欲望和没完没了的待办清单——我们不愿尝试新事物、不愿挑战未知,不愿让好奇心将我们带离安稳的轨道——这都情有可原。

相反,我们想要忙碌感。

但忙碌的价值被高估了。达尔文每天只工作几个小时,却会花很多时间散步。不管你干哪一行,过什么样的生活,你都知道:整天忙忙碌碌却一事无成有多容易。事实上,超高效日程表只是为最大限度提高工作效率而设计的——它更可能分散你对重要事情的注意力,而不是帮助你去发现它。

不妨设想,如果反过来,每周只花一个小时,有意识地引导你的注意力,会对你的观察、感知和思考方式产生什么影响?这将如何切换你与世界接触的方式?你的工作和生活会改变吗?

那会多有意思呢?

本书就是要帮你解开这些疑问。书中包含多项练习和建议,旨在激励你做出一些小而愉快的努力,从而重新发现你的创造力和好奇心,最终帮助你对抗分心。所有的练习都是为了改变你看、听、感知和体验世界的方式。

书中的点子来自我的学生,以及各路人马与我进行的睿智又慷慨的交流:他们是朋友、思虑周到的陌生人、行为心理学家、艺术家、作家、创作者、企业家等,还有我的个人习惯。

> **当你主动观察到新事物时，**
>
> **你便身处当下……**
>
> **观察新事物的体验充满魅力，不光振奋精神，**
>
> **还令人欢欣鼓舞。**
>
> —— 艾伦·J. 兰格（Ellen J. Langer）

说不定其中某项练习就能促使你写出一本开创性的小说，或者创建一个热门的 Instagram 账户，又或是找到一次不太可能的商业机会。实话实说，我希望如此！

但是，相比于"仅仅作为创造性过程中的一步"，本书将观察这件事视为更富深意的存在。这是对"生产力至上"和"效率崇拜"的逃离——正是这些追求，造成了注意力恐慌。

按下暂停键，试着不要总是那么有效率，而是努力去拥有更多好奇心吧！你想看到自己终其一生只在响应别人的要求、不停地从清单上画掉待办事项吗？还是说，你想牢牢把握自主发现的兴奋感——并一再重温这种棒极了的感觉？

乔治·梅森大学的心理学教授托德·B. 卡什丹（Todd B. Kashdan）把好奇心称为**"快乐的探索"**——并将其定义为"对寻求新知的认同和渴望，以及在学习和成长中获得喜悦"。

本书旨在为好奇心和快乐的精神提供服务，无论你的好奇心与快乐是为了工作还是为了娱乐。

本书有几种不同的用法。

如何使用本书

你可以按顺序阅读，也可以在你觉得必要或心血来潮的时候，跳读到任何你想读的内容那里。

对于"观察"这个主题，尽情选择你想要探索或享受的方方面面。把它当作一次学习经历，或者就像玩一场游戏。本书的设计，便是将选择权留给你。

书中的131个练习，是131次快乐的探索。你可以将它们付诸行动，或者视其为思维实验。不管怎样，它们都是131次机会，让你去做或思考一些焕然一新、不同以往的事情。

有时它是为了让你思想驰骋，有时则是为了确保你思绪集中；

有时它能让你获得心如止水的安宁，有时则让你在最不可能的情况下恣意狂想；

有时你需要阻止所有的分心，但有时你也需要选择你最想要的那种分心。

所有的练习，要么就是沉浸于此时此刻，要么就是超脱于眼前现实。

每一天，都充满了各种各样的机会，你可能会感到惊奇、惊讶、入迷——去体验每一天的美妙生活吧。保持渴望。简言之一句话，好好活着。

观察的艺术

下列练习和建议，按难度从 1 到 4 进行排序：

- 👁   **1 级**   非常简单——任何人随时都可以做到。
- 👁👁   **2 级**   基本可行——需要计划或预先考虑，但没什么难度。
- 👁👁👁   **3 级**   享受挑战——需要付出努力，但都是值得的。
- 👁👁👁👁   **4 级**   高级进阶——观察已成为一种冒险。

1 观 看

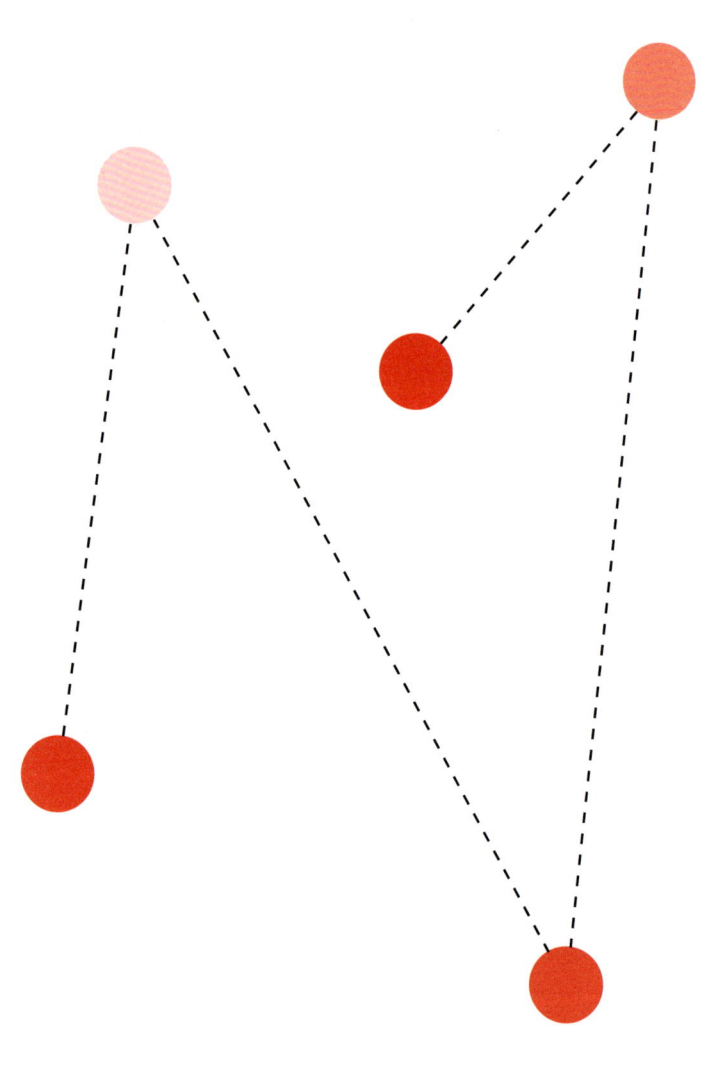

寻宝游戏

👁 👁

几年前我在旧金山（这座城市我至少已来过6次了）时，由于没安排闲暇的观光时间，我决定，无论走到哪儿都寻一寻监控摄像头。

这项练习没什么明确的目标。诚然，我对监控摄像技术的涌现很感兴趣，但这次旅行并非要研究这件事。我只想给观察熟知社区的方式注入一些新鲜感。这是一个游戏——单一目标的寻宝狩猎，只为收获观察的乐趣。

当时我还不知道，我正在创建一个"心理搜索图像"。这是我从作家兼心理学教授亚历山德拉·霍洛维茨（Alexandra Horowitz）那里借用的一个术语，霍洛维茨又把它归功于一位著名的鸟类观察者，卢克·廷伯格（Luuk Tinbergen）。廷伯格注意到，鸣禽倾向于寻找一种特定的甲虫：比起其他可食用的昆虫，它们显然更偏爱吞食这一种。拥有预先确定的搜索图像，对于发现自己首选的猎物大有裨益。

霍洛维茨解释说，创造一个心理搜索图像，就是"我们找到汽车钥匙、在人群中认出朋友，甚至发现从未见过的图案"时所用的方法。在她那本实用又有趣的著作《论观看》（*On Looking*）中，她写道："人人都需要一种机制，从万事万物中挑选应该找寻和关注的，以及应该忽略的，这便是心理搜索图像。它是你希望在混沌中找到有意义的视觉形式。"

在旧金山，监控摄像头比我想象的更普及。有些放置得很隐蔽，另一些则故意放得很显眼，可能是为了威慑潜在的罪犯。直到今天，无论我走到哪里，我都会注意到摄像头。

这是我第一次将有意识关注的练习发展成一种痴迷。我可以在各种不同的环境中找到特定的对象和反复出现的特征。诀窍就是选择一些无处不在的东西。比如，我研究过公用付费电话（哪里比较多，哪里比较少，有多少坏掉了？），以及排水竖管（哪些经过了改造，以防止它们被当作长凳？）和社区提示标志（哪些社区有，哪些没有？）。无论在大城市还是小社区，在家里还是在路上，我都会这么做。

有时，这么做能带来实实在在的好处：我写下了佐治亚州萨凡纳市社区提示标志的污损问题；确认排水竖管上装饰的尖锐附加组件唯一的功能——只是防止有人可能倚靠在上面休息。

但大多数情况下，我的"拾荒狩猎"只是为了好玩——也令人上瘾。在旧金山，我拍了一些我发现的监控摄像头的照片。旅行结束时，我从机场给妻子打电话，对她感叹我发现的一系列惊人的监控科技。"求你了。"她却说，"别在机场到处闲逛，尤其是给监控摄像头拍照。"说得对。有时候最好只是看看——或者更确切地说，看到了，就好。

用心观察

是洞察力唯一的保障。

也是我们对抗权力唯一真正的武器。

你无法对抗看不见的东西。

—— 米歇尔·迪恩（Michelle Dean）

每天都有新发现

当我们身为游客时,一种高度观察性的思维就会占据主导地位。在一个新的地方,我们似乎更会去关注一切。生态学家利亚姆·赫内根(Liam Heneghan)给这种"初来乍到者给予平凡事物高度而愉快的关注"的现象起了一个名字——"他者奇迹"(allokatapixis),这个词结合了希腊语中的 allo(其他人的)和 katapliktiko(奇迹)。

但大部分时间,我们都是在熟悉的地方度过,这些地方对我们来说已经丧失了固有的新奇感。我们把周围的环境视为理所当然,不再密切关注。一次又一次重复的通勤让我们变得极度麻木。研究感知的心理学家称这种现象为"涣散盲视"。

我的一个学生承诺,要在她每天往返教学工作室的两个街区的步行道上"注意到一些新东西"。你也可以在自行车、小汽车、公共汽车或火车上做同样的事情。不需要借助科技工具。

留心观察：

监控摄像头

废弃的公用付费电话

社区提示标志

机场里任何天然的东西（植物，离群的鸟）

锁匠的贴纸小广告

员工月薪榜

散落的购物车

散落的锥形交通路标

废弃的自行车锁

手绘标志

手机信号塔

散个彩虹步

作为色彩课的一部分,艺术家蒙罗·加洛韦(Munro Galloway)给学生安排了一个小时的散步。"让颜色作为你的向导,"他指示道,"感受你周围的色彩。"

加洛韦在对"闭眼画画"这项练习进行的描述中,提出了以下问题,请思考:

- 你首先察觉到的是什么颜色?
- 哪些颜色会迟一些才显现出来?
- 你观察到的哪些颜色是出乎预料的?
- 你注意到这些颜色之间有什么关系?
- 颜色会随着时间的推移而改变吗?

搞点收藏

1977年，家具设计师乔治·纳尔逊（George Nelson）出版了一本名为"艺术地观看"的书（*How to See*，中文译本2018年由中国摄影出版社出版），是早先为卫生、教育和福利部编写的小册子的扩充本。25年后，著名家居设计品牌"触手可及的设计"的创始人罗伯·福布斯（Rob Forbes）主持了该书的改编再版。据他观察，由于这本书的内容是纳尔逊拍摄的一系列照片，或许书名叫"如何看"会更贴切。福布斯在新版导言中称之为"一本关于记录和评估视觉信息的书"。

纳尔逊是一位收藏家，他擅长以天马行空的方式想出有趣的搜索图像，并据此搜寻和记录，包括箭头、公共时钟、井盖、街角、几何形状、特定的建筑细节、禁止特定行为的标志和物体，还有人与动物的脚印、机械（如果包括轮胎胎面）痕迹等短暂存在的印迹。

纳尔逊的"狩猎"有时更具概念性。例如，他寻找对比。他写道："寻找硬的和软的，以及这两种质地之间的对比。"《艺术地观看》这本书里记录了建筑物外悬挂旗帜的图像，将随风飘扬的布料和坚实的墙壁做对比；他还对比了柔软的嘴唇和坚硬的牙齿；还有老式充气飞艇——一个被空气"硬化"了的柔韧物体。纳尔逊观察到："把硬和软的特质区分开，使我们得以用特别的方式看待事物。"

在把纳尔逊的书带回公众视野十几年后，福布斯出版了他自己的一套照片集，《亲眼看看：日常之美的视觉攻略》（*See for Yourself: A Visual Guide to Everyday Beauty*）。他寻找的东西包括查尔斯顿的门牌号码和旧金山的下水道瓦片,以及更抽象的角度、曲线、纹理、重复,以及对比:新的和非常古老的、自然的和人工建造的、彩色的和单一色调的、崩塌的和未经破坏的。我最喜欢的福布斯图片系列,记录了阿姆斯特丹自行车锁令人惊讶的视觉与物理材质的多样性——他写道:"材料、质地、色彩方面的研究与功能性研究一样重要。"

"都是观察和思考。"福布斯认为,"当你发现了一些特别的东西,就像是冒冒失失走进一家导游攻略上没有的咖啡馆或商店,你对世界的体验会更加丰富,因为这是你自己发现的。"

数一下你找到的数字

乔治·纳尔逊最棒的图像收藏,或许就是他把一组数字变成了幻灯片。他写道:"在城市景观中寻找数字是非常容易的,找数字是一项很好的提升目光敏锐度的练习。"他的幻灯片从数字 100 的图片开始,一直倒数到 0。(他花了几个月才收集到所有这些照片。)

当你步行、骑自行车或开车旅行时,开始"数一数",看看你能数到多少。

纳尔逊说:"这场狩猎给人带来的额外满足与奖励,就是对以前视而不见的东西有了新的认识。当然,游戏的目的就是寻找意想不到的形状、大小和语境关系。"

找一个 1,然后找一个 2,再找一个 3,继续数下去;在这趟旅程结束时停下来,或者在下一次、下下次旅途中继续;可以持续一周、一个月、一年,甚至整个余生。

记录（看起来）相同的东西

一位名叫雅各布·哈里斯（Jacob Harris）的开发人员经常拍摄一片蔚蓝无云的天空——几乎是同样的蓝色正方形。他把这个系列叫作"天空梯度"。

这个项目的重点在于严格限制拍摄。哈里斯援引了20世纪90年代由丹麦导演拉斯·冯·提尔（Lars von Trier）和托马斯·温特伯格（Thomas Vinterberg）发起的电影运动"道格玛95宣言"（Dogme 95）的理念。"道格玛95宣言"主张故事的力量，同时也因强调"限制"而引人注目——反对使用照明、滤镜或其他特效，尽量在各种限制下拍片。

哈里斯认为，他真正的动机与激发创造力没有多大关系。在网站 theatlantic.com 上，他写道："我并不认为自己是一个艺术家，也没觉得自己在做一个艺术项目。我的做法只是一种冥想方式。"有时灵感就来自短暂的空虚时刻，哈里斯却声称他拍摄这些照片"不是为了消磨时间，而是为了记住它——尽管有点抽象"。

他表示，有时他会忘记自己是在哪里拍的照片，或者确切的拍照原因。正如他所言："就像在日记里写字，或是往水里丢石头一样，记录这一刻也是为了让它过去。我手边常常没有笔，而且通常也不靠近岩石或池塘，但手机总是在身边的。有时即使我很难过，日子依然阳光灿烂。我把手伸进口袋，拿出手机，将它对着天空。深呼一口气，然后拍照。"

我的朋友（不是亲戚）戴夫·沃克（Dave Walker）也有一项类

似的消遣。他拍摄新奥尔良一带的电线杆。真真切切地用特写镜头去拍细节。有时照片呈现的是电线杆的纹理，有时是上面布满的钉子、沾上的油漆，或是被弯曲的钉子污损的形象。电线杆颜色各异，形成了一些微妙的图案。当我走在路上注意到电线杆时，就会想起戴夫，便也不自觉地努力寻找他可能会发现的、隐藏其中的视觉吸引力。

人行道、停车场、草地、树干，无论是人造的还是天然的东西，都提供了无限的可能性。

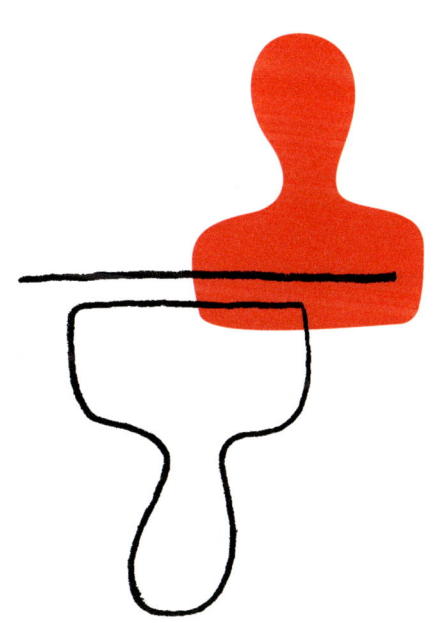

慢慢看

艺术家罗伯特·艾尔文（Robert Irwin）无疑是注意力的守护神。正如劳伦斯·韦斯勒（Lawrence Weschler）在《看见：忘掉所见之物的名字》(*Seeing Is Forgetting the Name of the Thing One Sees*，2009年，加利福尼亚大学出版社）一书中详细描述的那样，艾尔文的作品关注的是看见的经验和语境，而不是艺术创作——韦斯勒称之为"让人们去感知他们的感知"。

一开始，艾尔文是个画家，但他花了很多时间盯着画布，什么都不画。他沉迷于画廊空间的细节，如角度、地板、灯光——在那里，他的作品将被展出。有一次，他在西班牙待了8个月，什么也没画。

"我发现，在一定的时间内，将注意力集中在一点上，是可以产生一定力量的。" 艾尔文对韦斯勒说，"过上一段时间，你就好像层层剥开了这个问题，能够更深入地推理出这件事是以何种方式产生意义的。"他渐渐过渡到制作类似亚克力光盘那样以光为媒介的作品。他制作了"依赖于场地"的作品，这些装置改变了我们观看特定空间的方式。

可以把艾尔文的做法应用到更实际的情境中。"慢艺术日"就是一个例子。根据网站 slowartday.com 上的介绍，这是一项每年在美国多个地点举行的活动，参与者受邀在博物馆见面，然后观看5件艺术品，每件10分钟，之后再一起吃午饭，聊聊各自的体验。

你不必等到下一个慢艺术日再来尝试。花时间与艺术品相处的确很有趣，但你也可以在当地的大卖场去看5种商品，每种10分钟。

这听上去很简单，实则是很前卫。纽约大都会艺术博物馆（Metropolitan Museum of Art）的一项研究得出结论，游客平均会在每幅画作前面待上17秒。从慢艺术日的10分钟标准开始，你会看到是什么引发了艾尔文发人深省的关照过程：你会看到自己之前忽视的细节，发现新的联系，重新思考所谓的第一印象。

我们花了那么多时间，

去低头看手机或脚，

甚至只是从一边到另一边扫视商店橱窗。

不妨提醒自己抬头看看建筑的屋顶。

在那里，丰裕之角的花饰和愤怒的鹰头狮

聚集在屋檐下，

破旧的广告招牌挥之不去。

——艾莉丝·特姆罗（Alice Twemlow）

向上看——再向上看一点

🔴

在我的学生中,每年至少都有一个,会以不同的方式想道:如果你想看见过去没有留意到的东西,向上看,便是一个很棒的选择。对初学者来说,你只需要不时地把视线从手机上移开,抬起头向上看。朝着不在正前方、却在上方的事物,抬起你的眼睛。

设计专业作家艾莉丝·特姆罗(Alice Twemlow)创立了视觉艺术学院的设计研究生课程(在这之后我认识了她),她指出,也难怪那么多思考注意力问题的人都认为,花一点时间抬起头来是很有用的,"因为那确实是真的"。

向上看是一个很好的开始。但特姆罗还有另一个点子:再向上看一点。

"如果你再往屋顶上方看,你真的要为此而把头往后仰,这意味着放慢速度,或者完全停止移动。"她说,"你可能会瞥见被风吹干的晾晒衣物,一群归巢的鸽子,在有栅栏的院子里打篮球的囚犯,或者有人偷偷地在水塔、烟囱和天线交错的缝隙之间晒日光浴。"

上方是一个可能在运动中瞥见的方位。

再向上则需要暂停运动和活动。

"我最喜欢数烟囱。"设计师兼作家英格丽德·费特尔·李(Ingrid Fetell Lee)说道,"寻找烟囱会让你的视线上升,似乎能令人心情愉悦(可能是因为这让更多的光线进入眼睛),此外,它还会让你看到一个城市或小镇迥异于常的部分。你会注意到陆地与天空的交汇方式,屋顶的建造方式,以及生活在橡子和树梢上的野生

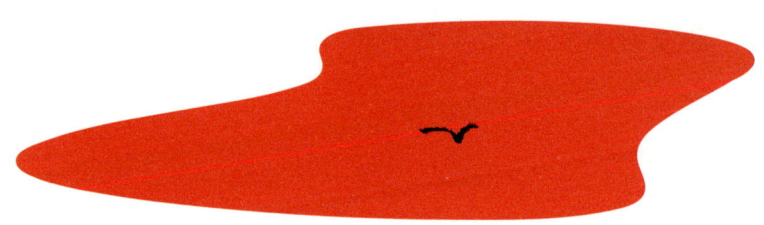

动物。"

编辑兼作家莎拉·里奇（Sarah Rich）曾对我说："必须承认我现在越来越多地保持一种视觉体验，就是看到飞机和鸟类在天空中飞得很高。这需要抬头看上一段时间，有点像白天的卫星定位。"你看得越高，看任何东西所花的时间都会越多。

找个地方坐下或躺下，抬头看。慢慢来。看看上面有什么，然后再向上看看，还有什么。

重复你的视点

我的一个学生,史蒂夫·汉密尔顿(Steve Hamilton),注意到离我们教室不远有一个"不协调的长凳",他意识到这里从来"没有人坐"。因此,他养成了每天在这儿坐 15 分钟,并研究路人的习惯。

很多令人极为熟悉的环境,都适合作为重复使用的视点。坐在办公室的窗户旁,你几乎不必再考虑从任何其他窗户或自己的前廊往外看了。随着时间的推移,坚持反复从同一个视点观察,可能就会揭示出一些并非"同一观点"的事实。

看向窗外

　　花10分钟,看看你总是忽略的窗外。在你的办公室、卧室或任何地方找一个窗口,最好是你觉得天经地义就该有窗的位置,最好是已经忘了它就在那里的那个窗口。

　　检查一下窗口可见景象的范围,从中找出3件你从未注意到的事物。然后,描述一下你面前的风景。

　　下次,当你遇到一扇陌生的窗户时,停下来向窗外看看。研究一下窗外的风景,记录一些细节,寻找正在动的东西。想想你无法控制的事情,看看会发生什么。

窗户是一个强大的
存在主义工具……
你对它唯一能做的就是看。
你无法决定你将要看见的。
你的大脑被迫
为碰巧出现的一切编排剧情。
无聊的事物变得奇特起来。

—— 萨姆·安德森

(Sam Anderson)

重新框定熟悉的景物

👁 👁 👁

我的另一个学生露西·诺普斯（Lucy Knops），受到了罗伯特·艾尔文观看习惯的启发，思考如何框定所见景象。她用可以重复书写、可擦拭的亚克力板，制作了宝丽来相机大小的实体取景框——就像是个便携式窗口。她说："用这个框对准一个物体或场景，在上面写一到两个词的描述，例如美丽、空虚或多云。"

"然后，"她接着说，"把取景框转移到另一个对象上，保留原来的描述词，看看先前的描述会如何影响你此刻看到的事物。"

这与修女艺术家科丽塔·肯特（Corita Kent）的一个想法相呼应。她在《用心学习：解放创新精神的教学》（*Learning by Heart: Teachings to Free the Creative Spirit*）一书中，提议使用"即时取景器"，即一个空的 35 毫米幻灯片支架——没有相机的取景器。你也可以在硬纸板上切出一个长方形的口，用它限制或重新框定你的视野。"它帮助我们使事物脱离原有的语境。"肯特和她的合著者简·斯图尔特（Jan Steward）写道，"它让我们单纯地为了看而看。"

用很慢、很慢的速度看

👁 👁 👁

在詹妮弗·L. 罗伯茨（Jennifer L. Roberts）的艺术史课上，她要求学生们盯着一件作品"痛苦煎熬地看上很久"。到底要看多长时间？答案是 3 个小时。毫无悬念，她的学生都反对这个主意。

"人们通常认为，视觉直截了当。"罗伯茨写道，"好像它就是直接、简单、即时的——这就是为何在当代技术世界中，视觉可以说是成了信息传递的主要感官。但学生们在这项练习中切身学习到的是：在任何艺术作品中，都存在必须花时间去感知的细节、秩序和关系。"

根据罗伯茨的报告，当学生的抵触减弱后便会发现，用很慢、很慢的速度看，能迫使他们注意到最初忽略的东西，有时就会改变他们对作品的整体理解。这个过程解锁了第一眼可能错过的含义和潜在的价值。

这种做法还可以应用在观看艺术作品之外的场合。用很慢很慢的速度去看几乎任何事物，你都很可能看到比想象中更多的东西。

反复看

在《纽约时报》的一篇文章中,文化记者兰迪·肯尼迪(Randy Kennedy)描述了在10年左右的时间里,他一次又一次反复观看大都会艺术博物馆卡拉瓦乔(Caravaggio)名画《圣彼得的否认》(*The Denial of St. Peter*)的经历。这些年来,他对这件作品的看法不断升级。过去,他曾认为彼得是此画的主要焦点,但后来又把另一个人物——那个(根据福音书)指认彼得是耶稣门徒的女仆——看作是这部作品真正的焦点。他现在相信,正是她在指控瞬间表现出的"犹豫和仁慈",赋予这幅画以力量。

肯尼迪经年累月发展出来的观点,可能与历史证据或更为官方的艺术评论家的解读相矛盾,不过他对此不屑一顾。他写道:"长时间地看一幅画,直至你能用心灵看到它,到最后,它几乎变成了你自己的画,与其他人看到的不再是同一幅。"

这种做法几乎可以复制到任何图像或物体上去。好好花时间端详你看过的东西,你可以一遍又一遍地看——直到像肯尼迪一样,看到别人看不到的东西。

在博物馆里
该看什么

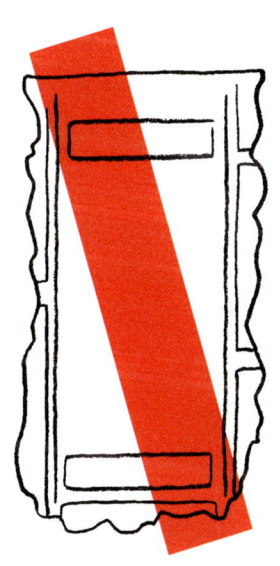

玩"买、烧、偷"的游戏

尼克·格雷(Nick Gray)指出,很多人在博物馆里就是不舒服。因此,他的公司"博物馆黑客"提供专门的游览服务,通过揭开博物馆寂静而虔敬的空间,来打破这种不安。"我们的策略,"他说,"就是要让人们爱上博物馆,让更多的人更经常地造访更多的博物馆。"

一方面,这意味着干货满满又精力充沛的导游,为你提供观点鲜明的坦率导览。另一方面,也意味着参与者可以了解到一些基本知识,比如藏品的登记编号意味着什么,或如何进行自己的研究。有时,这是为了让参观者以一种不同于策展人设想的方式来接近藏品,比如找出购置成本最高的那一件。这几乎总是充满了即时游戏与挑战,促使参与者以诚实而谦逊的方式与艺术交流。

一个机智的例子就是"买、烧、偷"的游戏。参与这个游戏的人,都要接受一个挑战,就是审视特定展厅中的所有作品,然后决定哪件愿意购买,哪件由于鄙夷至极想要烧掉,哪件令人爱不释手简直想偷走。

"买、烧、偷"这个游戏最棒的一点是,你可以在任何地方玩,一个人或者与别人一起。

研究一切，除了展品

博物馆是一个精心设计的空间，旨在吸引你的注意力。你注定要观看展出的东西——艺术品、历史文物、科学标本，诸如此类——以及相关的墙面文字或辅助信息。灯光、布局和其他一切精心的安排，都鼓励你去注意策展人在你眼前设置了什么。

有时我会想，参观博物馆时那种正式严肃的拘谨气氛，是否会造成某些参观者习惯性地把博物馆当成自己不该去的地方，甚至在看展时心不在焉。如果你去过那种有镇馆之宝的博物馆——例如挂着达·芬奇《蒙娜丽莎》的卢浮宫、藏有伦勃朗《夜巡》的阿姆斯特丹国立博物馆——你就能深切理解我的意思：每个人都忙着用手机或其他设备为这些作品拍照片，但根本没有一个人在真正观看。（当然，与此同时，这座建筑里还堆满了其他重要但不太出名的作品，可以在没有疯狂拍照人群阻隔的情况下，面对它们陷入长时间的沉思。）另一些博物馆的参观者更加离谱，他们主要关注的是自拍，即记录下他们与那些被他们视而不见的伟大作品靠得有多近。

如果把博物馆当作背景环境，这几乎就成了一种戏仿——你看，我在看我应该要看的东西（勉强算是在看）——那么，也许更有效的策略是去关注别的事物，任何别的东西都行。

下一次，无论你去哪种类型的博物馆，记得要花一些时间去研究展品之外的东西。以下便是你的清单：

寻找缺陷

艺术家尼娜·卡查多里安（Nina Katchadourian）观察到："通常，人们进入博物馆，就会向艺术品所在的方向靠拢。位于视野边缘的东西，无论是一旁的物品，还是你没有留意到的事物，全被当成不值得观看的东西。"卡查多里安质疑"哪些东西值得看，哪些不值得看"的观点，于是发起了一项不寻常的项目——"灰尘收集"。这个项目是纽约现代艺术博物馆的一次音频巡展，完全聚焦于博物馆的灰尘：这些灰尘来自何处，是谁清理的，如何最大限度地除尘，等等。为了这个项目，她采访了众多幕后的工作人员，同时，她也养成了在一尘不染的博物馆中寻找灰尘的习惯。

后来，卡查多里安告诉记者："如今我进入现代艺术博物馆，会感到一种家居的氛围，这种感觉很奇妙。以前我一直觉得它有点吓人，像一座神殿。"当然，这也是博物馆原本设计好的、想要让参观者感觉到的一部分：敬畏感。在所有引导你注意力的力量中，它是极为重要的一种。去挑战它吧。

想想警卫

想一想他们穿的是什么,他们的表情如何,他们在看什么。想象一下他们与展出作品的关系。不要做假设,也不要打扰他们。(你会惊讶于有多少新闻和摄影题材都集中在博物馆警卫身上。)想想吧。

留意捐赠者的名字

在几乎所有的博物馆里,你都会看到各种各样的展板,上面写着需要感谢的捐赠者和赞助人,你还会看到个别展厅和大厅是用人名命名的。去查查这些人。

研究其他参观者的行为

摄影师斯特凡·德拉山(Stefan Draschan)在这方面鼓舞了很多人。他花了相当多的时间,在博物馆里观察和记录其他人,以及他们与展品的关系。他有一个摄影系列叫作"触摸艺术品的人",博物馆几乎一律禁止触摸艺术品,但其实有不少人照摸不误。另一个系列,拍摄了在博物馆睡觉的人。还有一个叫"与艺术品相配的人"

系列，则是抓拍了那些正在看画或经过画前、穿着恰巧与画很搭的参观者。不妨就从这些点子开始，再自创新意吧。

偷听参观者之间的交谈，或工作人员对他们说的话

音乐家／艺术家约翰·坎内贝格（John Kannenberg）曾经用随手记录的各种声音片段，创作了《芝加哥艺术学院的声音地图》（"A Sound Map of the Art Institute of Chicago"）。例如，一名保安警告靠近名画《美国哥特式》的观众说："禁止开闪光灯。"在另一个展厅中，他捕捉到一段对话，内容大意是"参观者和保安交谈，质疑艺术博物馆的印象派藏品质量"。模仿他的例子，听听你的周围发生了什么。

做点不相关的事

也许我们可以轻松地把博物馆当成背景，或当成一个我们偶然暂居的环境，在这里我们也可以做点别的。能做什么呢？一些博物馆已经尝试在清晨或休息时间，向冥想或瑜伽课程开放它们的空间。为你最喜欢的博物馆构想一个适合自己身心健康的养生方式吧，别忘了与他人分享。

留意可能是艺术品的东西

2016年,有个人搞恶作剧,在旧金山现代美术馆的地板上留下了一副眼镜,很快,就有一群参观者围上去拍照,他们以为那副眼镜是艺术品。这种事屡见不鲜。为什么?作家汤姆·范德比尔特(Tom Vanderbilt)指出:博物馆是一种特殊的环境,被视为观看之道,甚至可能是一个观察更广阔世界的训练场。他认为,这有助于解释为什么博物馆中的固定装置或灭火器会被误认为是艺术品。简言之,我们事先被提示将在博物馆看到艺术品,所以一切看起来都像艺术品。

去感知不同地点的实质是什么,才能更清楚地感知其中的内容。

把一件东西当成艺术品

有一次,我和妻子在一所当代艺术博物馆闲逛时,走进了一个小厅,里面除了两个大木箱,什么也没有。这两个箱子令我困惑,因为不确定里面是装满了等待拆箱的艺术品,还是它们本身就是艺术品。

我像傻瓜一样寻找线索——看看墙上有没有小标签,写着相关的作品名和出处信息(这是艺术!),又看了看箱子上有没有贴某种实用的贴纸(这里面装着艺术!)。由于两种证据都没有找到,我们商量后决定由我们自己说了算:这两个箱子就是艺术品。

干完这件蠢事,我俩相视一笑,但这也使我们想起了马塞尔·杜尚当年在小便池上签名,提交给独立艺术家协会参展的事。那件作品可能是他发出的最著名也最持久的挑衅。杜尚赋予现有的文字和图像以新的意义,用一个简单的手势,重新划定了日常与高尚之间的界限:我说什么是艺术,它就是艺术。

那么,想一想你平时经常步行、开车或骑行的路线,或者是你第一次走的那条路。把自己想象成是策展人。在你所注意到的事物中,哪些是你选择的公共艺术品?

也许是一个标志着路面亟待维修的破架子,也许是某根柱子,甚至有可能是一个眼神犀利的孩子。

无论走到哪里,都要赋予自己制造"艺术"的超能力——看看这会如何改变你的感知。

艺术无处不在,你说了算。

以小见大

亚历克斯·卡尔曼（Alex Kalman）是隐藏博物馆[1]的馆长，这座博物馆坐落在曼哈顿下城街区的科特兰街上。展览空间曾是货运电梯井的一部分，面积约 11 平方米。展品和它们的展览空间一样奇特，卡尔曼称之为"乡土气息"的日常物品，在其他人眼中，看起来更像是随便乱放的小玩意儿。事实上，它们反映了一种非凡的眼光，即在被忽视的事物中潜藏的深层含义。

在我的一次访问中，卡尔曼说："这些物品并不是作为艺术品被创造出来的，但它们揭示了我们的心理、需求和愿望，即我们身份的构成要素。"

在隐藏博物馆空间有限的墙面上，钉着几个狭窄的架子，卡尔曼会定期在上面更换各种各样的物件。他指了指一个不到半米，显然是来自汽车旅馆的小牌子。"亲爱的客人，"牌子上面写着，"由于我们客房设施广受欢迎，房间里的各种物品都在出售：闹钟 25 美元，手巾 15 美元，如果您决定从您的房间直接拿走这些物品，而不通过行政管家，我们将假定您同意我们从您的账户中扣除这些物品的相应费用。"

意思说白了就是：您可以偷走您想要的东西，而我们将为此向您收费。 隐藏博物馆的作品目录里解释说：这块牌子，是资本家处

---

1. 其英文原名 Mmuseumm，是将"博物馆"一词隐藏于两个字母 M 之间，而这间博物馆最主要的形态特征也是隐藏，所以意译为"隐藏博物馆"。（本书脚注均为译者注）

置犯罪行为的产物。

能从如此不起眼的物件中得出这样深刻的观点,得益于卡尔曼非凡的观看能力。他承认这源自他父母——设计师蒂博尔·卡尔曼(Tibor Kalman)和艺术家迈拉·卡尔曼(Maira Kalman)——的影响。"每个家庭都有它的母语,一种家庭语言。"他说,"幸运的是,对我来说,我的家庭语言就是观看,我从小就被培养学习到处观看。"

这意味着,卡尔曼也接受了这样的培养,即学会通过深入观察发现日常奇迹。例如,他记得有一天放学回家,发现起居室里有人正以"令人难以置信的精确度"叠摞着洋葱圈——就是你可以在廉价小吃店吃到的那种。显然,他的父母认为洋葱圈值得认真对待。简言之,用卡尔曼的话说,就是"用一生来仔细观看,从寻常事物中发现人性、幽默和荒谬"。

所有这些都为卡尔曼对汽车旅馆标志的解构提供了参考:一个小小的、偶然的物体,揭示了一系列关于安全和利益动机的深思熟虑,一种表面上的待客辞令背后的威慑力。卡尔曼希望通过这些物体"提醒我们真的应该满怀好奇地环顾四周,不要想当然"。他说:**"想一想厕纸卷、咖啡杯盖或洋葱圈,你会发现其中的乐趣,**然后想想也许这就是我们身份的定义,就像某些社会杂志给我们贴的标签一样。"

"这就叫以小见大。"

将是变为可能是

心理学家兼作家亚当·格兰特（Adam Grant）在一篇试图扩展正念思维现有观点的文章中，描述了一种他称之为条件性思维的实践，即"以条件性思维代替绝对性思维"。他以一个实验作为例子，受试者拿到几件物品，并被要求修正写错的铅笔字。每组拿到的物品都一样。第一组的物体描述十分精确，比如"这是橡皮筋"。第二组则较模糊，例如"这可能是橡皮筋"。

格兰特解释，第二组的人因此被悄悄地引向条件性思维——不是看每件物品是什么，而是看它们可能是什么。在条件性思维的被试组中，大约40%的人意识到橡皮筋也可以用作橡皮擦。在绝对性思维的被式组中，只有3%的人有同样的顿悟并能完成任务。

格兰特的条件性思维让我想起了我的一个熟人，他自称为"烂苹果"。他是一名设计师，他的副业包括一些小型但极具创意的"干预活动"，就是将那些被人们忽视的城市垃圾转化为有用的、吸引人的步行环境元素。例如：一个夹式座椅可以把自行车架变成一把椅子，废弃的砧板可以安装在消防栓上变成象棋桌，数独游戏可以印在地铁站的瓷砖上，跳绳可以由废弃的警戒线胶带制成。

> **将是变为可能是，你会更专注当下。**
>
> —— 亚当·格兰特

"烂苹果"是一个超赞的条件性思考者。在他家附近随便散个步,他就可以向你展示自行车架的可利用细节,解释塑料交通屏障是如何被水压垮的,并在中途停下来捡一些牛奶箱或其他废弃物以备将来使用——实际上,他一直在留意事物"可能是什么"。

不必成为一名街头设计师,你也能从条件性思考中受益。**去寻找可能的答案而非唯一的答案,就可以改变并拓宽你的视野。**

别拍照了,画下来

智能手机让我们许多人变成了习惯性的摄影师和日常纪录片制作人。这一常见的发展广受赞誉,但偶尔也有人发出哀叹。不管你怎么认为,下一次当你打算拍摄一个吸引人的有趣场景时,可以试想把它画下来吗?

这一想法的变体,至少可以追溯到维多利亚时代的艺术评论家、作家约翰·罗斯金(John Ruskin),他认为画素描的人会比不画素描的人成为更好的观察者,这一定程度上是对摄影的兴起做出的回应。

当然,很多人认为他们"不会画画",也就是说他们不太擅长画画,并且觉得画画要么令人沮丧,要么令人尴尬。有时候我也是这种人。

但请放心,你无须将画展示给任何人。给自己买一个便宜的小笔记本,下次当你想拿手机的时候就把这个本子打开。画一样东西——就一样!然后再画一次。你会发现画画可以帮助你放慢速度,并丰富你所看到的。

把你的笔记本填满。

绘画最大的好处就是,

当你看向一物时,你都是第一次看见。

否则你也有可能终其一生什么都没看见。

—— 米尔顿·格拉泽(Milton Glaser)

画下每一件物体

画画让你集中注意力。

许多"涂鸦笔记"——一种记笔记的方法,即依赖于涂鸦小画和高选择性抄写的即兴组合——的倡导者无论是从原因还是方法上,都直言不讳地表达了对这种记录方式的热情。

设计师兼教育家卡拉·戴安娜(Carla Diana)在"涂鸦笔记"的概念上提出了一个有趣的思路。她说:"我发现,把眼前的一切都画成独立的物体,比如会议室的扬声器、盐瓶、电灯开关等,有助于我更好地注意到每一件事。"

解构几乎所有的视觉场景,都可以获得启示。你的办公桌、咖啡桌或床头柜可能就是一处杂乱无章的小景观;有些会随着时间的推移而变动,而另一些则仿佛牢牢固定在自己的地盘上。把每个部分与整体上分开考虑。把视野中的每一件物体都想象成一个系列图画,现在就开始创作吧。

画下你刚刚离开的那个房间

仔细观察你所处的物理环境,然后再换到另一个。现在请画出你刚刚离开的那个房间的布局图。不必是一场详细的再现,只要努力捕捉空间的基本元素,其中都有什么——比如门窗、家具的位置。

试一下。

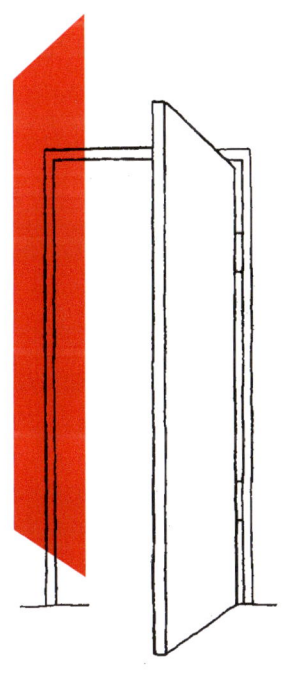

寻找情节

当《窃贼城市指南》（*A Burglar's Guide to the City*）一书的作者杰夫·马纳（Geoff Manaugh）走进一家银行或一家餐馆时，他想：如果这里发生了一起犯罪行为——比如盗窃、抢劫——谁会受到牵连？独自坐在角落里的那个人？还是在外面转来转去的那个？这里将会发生什么？

对下一步可能发生的事情进行推测，需要用心观察关键细节。马纳把它比作一场游戏。在一个公众活动上观察人群：谁看起来很熟悉，为什么？仔细观察陌生人家书架上的书：暴露出了主人的什么兴趣？在地震频发的洛杉矶找房子时，马纳自问：我该看建筑结构的哪一部分才能找到线索，了解万一发生最坏的情况，哪里会先倒塌，是木质装饰、不平整的框架，还是松动的地板？

马纳承认，这种思维方式可能听起来有点阴暗。但是，他补充道：

"我倾向于注意那些以后会派上用场的事物。"

观察"力量"

社会学家仔细观察世界的真相,但这可能只是起点。杜克大学(Duke University)心理学和行为经济学教授、《可预测的非理性》(*Predictable Irrational*,中译本 2010 年由中信出版社出版)等书的作者丹·艾瑞里(Dan Ariely)说:"观察真相不只是为了看见一个人的行为,而是要去试图理解背后的原因。"

艾瑞里的研究关注于如何调整人类的行为,而这首先取决于去理解是什么塑造了行为。"假设我们去了一家酒吧,我们看到有人在约会。"艾瑞里说,"我们还注意到这个地方很吵,很黑,很拥挤,还有酒精——这些听起来都是观察,但现在,作为一名社会科学家,我想把它看作牛顿物理学问题,到底是什么力量在起作用?是什么从不同角度影响了人们,进而表现为是他们有兴趣停留在这里?"

他举了几个例子:也许去一个嘈杂的地方可以帮助人们克服尴尬的沉默时刻;也许在一个喧闹的地方,人们可以彼此坐得更近,并且不时地在对方耳边低语或聊天;也许在人群中会给人某种安全感,而那里也有足够丰富的活动,让他不会觉得自己是被关注的焦点,诸如此类。

严格地说,这些"力量"是看不见的。我们谈论的是思维方式和感觉,乃至相关个体自己可能都没意识到的本能。

寻找看不见的力量是很有趣的挑战,尤其是在很多人聚集在一起的情况下,不管是在聚会上还是在车管所。

我们所见与所知

之间的关系从来都不是稳定的。

每天晚上我们看到日落。

我们知道地球正在远离太阳。

然而，知识、解释，从来都不完全与景象一致。

——约翰·伯格（John Berger）

试着以这些角色观看：

历史学家

破坏公物者

未来主义者

糟糕的客人

即兴演奏者

孩子

像历史学家一样观看

几年前,当马修·弗莱·雅各布森(Matthew Frye Jacobson)在曼哈顿市中心散步时,他注意到了一样既令人吃惊又司空见惯的事物。一个巨型屏幕循环播放着一段视频:一个年轻的女人,带着迷人的微笑,略有些色情地在蹦床上跳来跳去。她既令人兴奋又令人讨厌,你很难不去看她。

让耶鲁大学历史学家、美洲研究系主任雅各布森真正注意到的是,他发现民众在看这个"巨屏蹦床女孩"时并没有显露出惊讶的表现。他让他的学生思考这段视频。一眼望去,当然可以断定这不是20世纪30年代或70年代的美国。进一步想,也能推断出在当前世界,有些国家和文化中不可能存在这种情况。

雅各布森提出了一个问题:要让这种视觉景象成为公共环境中一个司空见惯的部分,必须具备哪些先决条件?

课堂中探讨了技术的演变,个人政治和文化习俗的转变,女性主义和反女性主义,不同文化和民族国家中围绕性别、广告等其他主题的各种社会规范,公共空间的商业化,等等。雅各布森说:"我教过他们的任何东西,都不如这一课有力。"

即使是对我们的注意力最粗鲁的入侵,也有一段隐藏在我们眼前的秘密历史。解构它,**用你自己的方式去看世界。**

像破坏公物者一样观看

我认识的那些最富想象力的街景观察者都是街头艺术家。他们审视建筑环境,着眼于发现最能有效利用的空间。我特别喜欢街头艺术家的作品,他们的创作融入并改变了城市元素。

例如,马克·詹金斯(Mark Jenkins)曾在一个街道通风口里放了几片吐司;还有一次他铺了一块红地毯,直接通向下水道口。

在欧洲工作的艺术家奥考克(Oakoak)也有同样巧妙的作品,他画的人物似乎在和人行横道、路障以及建筑元素互动。

加拿大人艾登·格林(Aiden Glynn)为垃圾箱、工具箱和街道上其他单调的地方增添了塑料玩具眼睛。

法国艺术家克莱特(Clet)在交通标志上添上了人影。

我可没有建议你成为一名街头艺术家,并不是每个人都想冒着被监禁的风险去创作。今天,我们在诸如街头艺术乌托邦(Street Art Utopia)这样的网站上,可以轻易地欣赏到世界任何角落的这类作品。你可以将自己想象成一名街头艺术家,用街头艺术家的观察方式,设想如果街道就是你的画布,你会创作些什么?

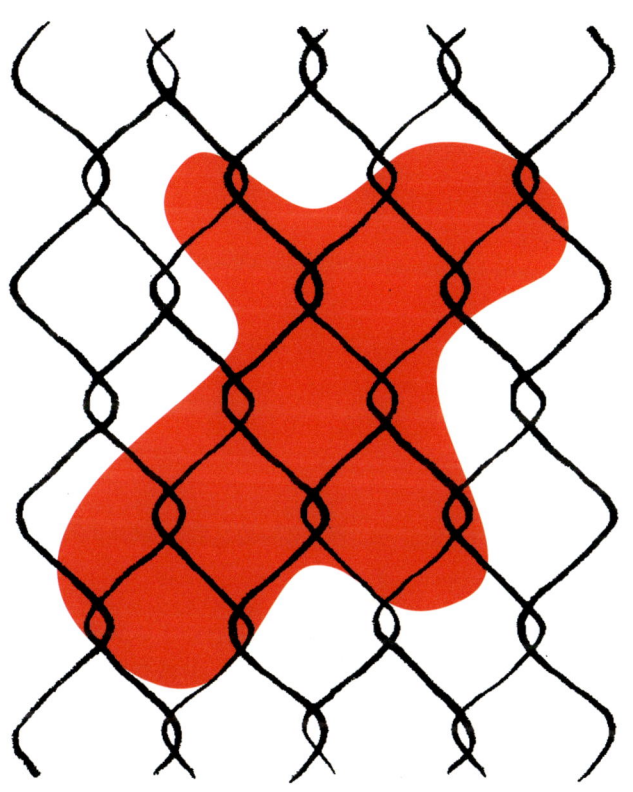

像未来主义者一样观看

👁 👁

丽塔·J.金（Rita J. King）是一位未来主义者，就是那种听起来最神秘的专业人士。她是一家名为"科学之家"（Science House）的战略咨询公司的联合董事，帮助企业策划大型、长期项目，她的客户从初创企业到《财富》100强企业都有。她在美国国家科学院的科学与娱乐交流项目中扮演着类似的角色，曾与美国航空航天局、IBM（国际商业机器公司）和哥伦比亚广播公司合作。

她说："如果你不了解带我们走到今天的模式，你就无法了解未来。"也就是说，你必须先了解过去，并密切观察现在。她表示，她尤其需要一双眼睛来观察她所谓的"不可预知的细节"，即虽然近在眼前，但只有我们留心关注才能发现的细节。"我是一个彻底的现在主义者。"她说。

有一个相对简单的练习，她建议所有人都可以试试。她说："选择一个人来人往的地点，当地的公园或其他什么地方。在那里坐1个小时，写下关于你注意到的每个人的3件事。如果人太多，就一次挑一个。关键是要记录下来一点什么，它可以是有形的，也可以是不那么有形的，比如他们的声音，他们笑的方式，他们如何耸肩，他们是否戴着结婚戒指，或许有人把野餐篮当成钱包。随便记点什么都可以。"

你可能会注意到一些模式或模式的中断。你可能会从你注意到的东西中了解自己。你可能会注意到一些在未来被证明是意想不到的、有用的东西。

像糟糕的客人那样观看

👁

我的一个朋友曾经告诉我:"当身处一个我不想去的场所时,我总会想方设法让自己不被困住!"我很了解这种感觉。我学会了如何应付聚会、人群和别的让我极度焦虑的集体场景。当我遇到这种情况,我做的第一件事就是规划逃跑路线。

我的朋友也是这样。他说:"当我去参加不喜欢的社交活动时,我会把车停在一个不会被堵住的地方,或者我会坐在靠近后门的位置,观察好所有的出口。我想说,这都是出于杰森·伯恩[1]式的原因,而且我有可能是个坏蛋。我只是很容易生气,所以总是想办法悄悄溜走。从某种奇怪的意义上说,这让我更善于观察!"

如果你像我和我的朋友一样,就能凭直觉明白这种情况。下一次当你处于这种不舒服的状态时,观察一下你自己的观察行为——也许还需要一秒钟来嘲笑你自己。

如果你并不像我和我的朋友这样,不妨也试试看!在下一次外出社交时,留些心思想想:假如你不得不离开,那么你将做什么、怎么做,才能在 5 分钟内尽可能不被发现地脱身。

---

1. 杰森·伯恩(Jason Bourne),电影《谍影重重》的主角。

像即兴表演者一样观看

👁 👁 👁

一天晚上,查理·托德(Charlie Todd)走在市中心,穿过曼哈顿的联合广场,他瞥了一眼公园南边6层楼的大楼。空置多年后,它最近终于热闹起来。多亏了楼下两层新开的全食超市(Whole Foods),这里人满为患,熙熙攘攘。而托德注意到的却是,在超市楼上一家大型服装店的橱窗里,有个年轻女孩在跳舞。

在商店灯光的照射下,她非常显眼,看起来跳得很开心。托德想:"真有趣,她为什么要在那里跳舞?"几秒钟后,另一个女孩出现了,给了舞者一个拥抱——这肯定有些鲁莽,或者只是取悦友人的愚蠢表演。但她向托德展示的是一个既成的舞台,呈现在人数众多的观众面前。他顿悟道:"我需要做的是让每个窗口都有人在跳舞。"

托德是"处处即兴"(Improv Everywhere)的创始人,一个"在公共场所进行意想不到的表演的喜剧团体"。他在21世纪初来到纽约市,追寻作为一名喜剧演员的职业梦想,找到了把这座城市本身作为演出场所的工作方法。其早期表演"无裤地铁之旅"(首次是由托德和其他6位男士参与,他们在寒冷的冬日,穿着内裤,在不同的车站登上同一个地铁车厢),现已发展成在数十个城市有数千名参与者的一种年度活动。"处处即兴"还曾组织了一大群互不相识的志愿者,在纽约中央火车站集体突然停止动作,或是在大商场里集体放声歌唱、在公园里无声地跳舞等。

这是组织协调能力以及人与人之间的基本信任所创造的精彩壮举。托德写了一本关于处处即兴的书,还为这桩事业拍了一部纪录片。但托德的项目中让我印象最深刻的,是他的每一个想法和表演的出发点:从一个转瞬即逝的感性瞬间中发现更大的可能性。就像看到在商店橱窗里跳舞的女孩一样。

他说:"我认为要从城市中汲取灵感。关注街头新建成的建筑或新开张的零售店,保持开放的态度,用不同的方式看城市。"有一段时间,托德在著名的"正直公民旅"(Upright Citizens Brigade)喜剧组织教即兴表演。他说,培养一个即兴表演者,最重要的训练或许就是倾听和观察,然后是对搭档可能说或做的任何事都保持完全开放的态度。这就是著名的"是的,而且……"规则:无论你的同伴说什么或建议什么,你都不要反驳或无视它;你要接受它,并在它的基础上继续创作。

练习这种对环境的开放心态吧。在日常生活中寻找人类个性的闪光点。想象一下这种闪光点可以如何被放大和扩展,一个短暂的瞬间如何能被重塑成一个难忘的时刻。与你的世界接触,并且说:"是的!而且……"

我们小时候的那种专注力是我珍惜的,

我想我们都可以珍惜并回归,

因为注意力是

感恩之门,奇迹之门,互惠之门。

我很担心今天的孩子,

他们能认出 100 家公司的商标,

却认不出 10 种植物。

——美国林业教授罗宾·沃尔·金默尔

(Robin Wall Kimmerer)

像孩子一样观看

👁 👁 👁

约翰·伯格在他著名的纪录片和书籍系列《观看之道》(*Ways of Seeing*，中译本 2007 年由广西师范大学出版社出版）中，无情地批判了视觉文化，调侃秘史，揭露隐蔽的偏见。它是（而且仍然是）关于感知的复杂而微妙的论述。

但伯格也指出，通常最诚实、直率、从不说废话的观察者，并不是那些冠冕堂皇的文化评论家，而是孩子。孩子们还没有完全理解什么是可接受的文化兴趣，什么不是，他们在熟悉的事物中看到了新奇，他们会注意到那些我们早已忽略的东西。

"孩子看到的一切都是新的，他们总是沉醉其中。"波德莱尔（Baudelaire）写道，"没有什么比小孩子被形状和颜色所吸引的喜悦更像是我们所说的灵感了，这就是童年的天才——一个生活中还没有任何方面变得陈腐的天才。"艺术家尤兰达·多明格斯（Yolanda Dominguez）拍了一部短片，我想伯格会喜欢。她请孩子们谈谈他们对高级时装和奢侈品品牌形象的看法。在这部名为"儿童与时尚"（*Niños vs. Moda*，原标题为西班牙语）的短片中，她向几个 8 岁的孩子展示时尚广告，并请他们描述自己所看到的。"她好像很……害怕。"看到一张照片后，一个男孩回应道。一个女孩说："她需要急救箱才能痊愈。"另一个男孩补充道："她感到孤独，还有她饿了。"

虽然听起来很悲伤，但也很有启发性。孩子们有什么说什么，充满好奇心，他们毫不费力就能发挥出想象力和洞察力。

我们可能已经看这个世界太久，很难再找回当初观察世界的感觉。但下次，当你面对一些熟悉到令人麻木的景色或情境时，不妨停下来问问自己：孩子会在这里看到什么？

寻找你不曾寻找的东西

小时候,戴维·罗斯巴特(Davy Rothbart)在往返于家和校车站的路上会经过一个足球场,那里堆积着各种各样的废弃物:糖果包装纸、废纸、垃圾。他后来回忆说:"有时我会捡到一些随风飘扬的纸张,那可能只是某个孩子的作业,但至少在接下来的回家途中,我有好玩的东西可以看。"

后来这成了他的一个爱好。在大学里,他喜欢在两台为数百台电脑服务的打印机旁翻拣那些被丢弃或遗忘的废纸——朋友间的某封电子邮件,一篇关于电影《十三号星期五》(Friday the 13th)的学术论文,等等。

罗斯巴特的职业生涯始于在芝加哥的某个深夜,他发现了一张贴在挡风玻璃上的便条。是写给马里奥的。

上面写着:

> 马里奥,我真他妈恨你。你说你得去工作。为什么你的车却在她家?你这个骗子,你他妈是个骗子。我他妈的恨你。艾梅柏

最后写着:

> 另,请稍后呼我。

罗斯巴特把这张便条拿给朋友们看。"我惊叹好多朋友也有类似的伟大发现,他们都与我分享。"他对我说,"例如孩子的一张画或是

一张奇怪的待办清单,一张私人便条,一张宝丽来照片。人们似乎总是把这些东西贴在冰箱上。很可惜只有走进厨房的人才能看到它们。"

罗斯巴特开始推广寻找的乐趣,他称之为"苹果佬约翰尼[1]策略"。他张贴传单来征集别人的发现。"这让我在聚会中多了一个与人交谈的话题。"他接着说,"比如我会问'嘿,你们找到什么了吗',有些人会说'没有,你很古怪'。但也有很多人会说'有啊,我室友上周发现了一些很棒的东西,我会寄给你的'。"

他自己出版了一本收集这些珍宝的杂志,《捡拾》(Found)。后来衍生出书籍、电影项目,以及一个线上社区。"它改变了我的生活,"罗斯巴特说,"关注这些小小的纸片,让我从自己的世界中跳脱出来。"走进别人的世界,与其他人交往——这些技能推动了他的事业。他后来成了一名作家,为电台节目《美国人生》(This American Life)和他自己的播客节目创作有声故事,并担任独立制片人。此外,他还以此为主题,替有志成为音频制作人的人士开办工作坊。

他沉思道:找到某样东西可能意味着"把它从遗忘中拯救出来",这是"一种高尚的行为"。

停下来捡起一样东西,然后判断它是否有趣,这只需要一点点时间。"除非你停下看一眼,"罗斯巴特说,"否则你永远不会知道。"

行走于世间,去留意那些可能有趣的事物:在地铁站、公交车站、校园、工作场所、保龄球馆、停车场,甚至监狱的院子里。不是所有被丢弃的餐巾纸或收据都会让人着迷,但它们中的 5% 可能会。他人的丢弃物,让你一窥你原本永远不会看到的人生,那些故事片段成了开启你好奇心的窗口。

---

1. 苹果佬约翰尼(Johnny Appleseed),美国西进运动中以推广种植苹果闻名的传奇人物。

2 感　受

重新演绎《4分33秒》

1952年,在纽约伍德斯托克的一场独奏会上,钢琴家大卫·都铎(David Tudor)首次表演了约翰·凯奇(John Cage)创作的一首不同寻常的新作品。都铎坐在钢琴前,把乐谱放在琴台上,然后合上了琴盖。他就待在那里,什么也不做。某一刻他掀开了琴盖,再把它关上。随后又重复了这个过程,直到表演结束。

都铎什么都没有弹的三个"乐章",加起来一共是4分33秒,凯奇的新作因此命名为"4分33秒"(4′33″)。它引人注目之处是没有音乐,只由变幻莫测的寂静和偶然冒出的噪声组合而成。这或许是他最著名的作品。

也应当如此。

即便这听起来像是恶作剧(伍德斯托克音乐节的观众们不以为然),那也是一种文化跨界的恶作剧——在这种情况下,它介于音乐和静默之间。学者兼作家刘易斯·海德(Lewis Hyde)在《骗子玩转世界》(*Trickster Makes This World*)一书中解释说,凯奇深思熟虑甚至训练有素地拥抱随机行动,这不仅是一种创作方法,也是他逃离本我的一点努力。

这件作品及其创作方法,向所有人提供了一种可以把握的机会。你可以在家里、公园或其他任何地方,表演你自己的《4分33秒》版本。

在手机上设置4分33秒的计时,调成振动或响铃,屏幕朝下放在某处,不要盯着时钟嘀嗒作响。如果可以,请闭上眼睛。只是倾听。

你会惊奇地发现，4分33秒有多么漫长。海德认为《4分33秒》"与其说是一件'静音'的作品，不如说是一个建构的机会：去倾听无意发出的声音，去倾听正在发生的一切"。没错，就是这样。

无论我们在哪里，听到的都是噪声。

当我们想忽略时，它就会打扰我们。

当我们去聆听时，发现它引人入胜。

—— 作曲家约翰·凯奇

领会安静

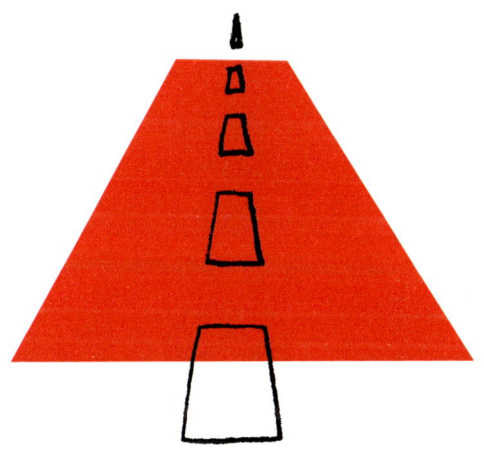

在美国公共广播电视公司数码工作室(PBS Digital Studios)的系列节目《艺术任务》(*The Art Assignment*)中,杰斯·克莱顿(Jace Clayton)(也被称为断裂DJ)提供了一套简单的指导。

他建议去外面散散步,但一定要朝着感觉最安静的方向。一直走到你在附近能找到的最安静的地方。然后停下来,站在那里。"花点时间沉浸其中。"他说。

克莱顿还建议,记录下你在哪里,并传到社交媒体上,附上标签"#艺术任务"。要那么做当然可以,但我觉得没这个必要,你只需要沉浸于安静之中,领会你听到或没听到的一切。

监听你的声波概况

在《时尚圈》(*The Smart Set*)杂志上发表的一篇以噪声为主题的短文中,作者贝恩德·布伦纳(Bernd Brunner)提到了一位名叫朱莉娅·赖斯(Julia Rice)的女性。20世纪初,赖斯成立了"抑制不必要噪声协会",领导了一场促使拖船减少汽笛声的运动,很成功。

"然而,"布伦纳指出,"赖斯似乎很享受生活中的一些噪声,她的6个孩子都在学习乐器演奏,家里也养了很多猫和狗,她大概认为这些声音都是必要的。"

的确,声音和噪声之间的区别相当主观,更不用说是"不必要的噪声"了。我猜,我们大多数人就像赖斯一样,认为日常生活中的噪声不仅无可厚非,甚至是必要的。也许我们是对的。我肯定不认为我给其他人造成了任何声波困扰。

但另一方面,你对自己个人的声波概况又了解多少?**不妨花上几个小时或一天的时间,监听一下自己。**听一听,想想你发出的声音——走路、打字、洗碗、说话、哼唱你最喜欢的曲调。做些笔记。试着发出尽可能少的声音,然后再发出尽可能多的声音,比较一下你的注意力、你的走路方式、你执行日常任务的速度因其产生的变化。

列一份听觉清单

我的一个学生开始收集声音。睡觉前,她会聚精会神地听,努力分辨出每一种噪声:远处的狗叫声,空调的嗡嗡声,一辆车驶过的声音。

运用这种方法,经过一定时间的积累,便可以重新发现一个熟悉的环境。在每天的特定时间收集声音是很好的整理方式。

开始有意识地留意声音。

列一份清单。

保持猎奇心,你会听到你以前从来没注意到的东西。

回顾日常

我的朋友马克·韦登鲍姆（Marc Weidenbaum）是一位音乐作家，除此之外，他还有一个非常有趣的个人习惯。"我喜欢回顾日常的声音，"他解释道，"就好像它们是正式发行的音乐一样。"电动牙刷的呼呼声、出租车吵闹的嗡嗡声、雾笛的哀鸣、猫咪的呼噜。他会描述每一种声音，从其产生的环境，到背景（文化、技术、地域、审美等）。他称其为"声音事件"。在他自己的网站 Disquiet.com 上，他收集自己每天的声音"评论"。

试试这么做吧。然后想象这网站的耶普[1]版，建立在对一切日常事物——日用品、寻常声、非凡感觉、偶然邂逅——的评论之上。

去评论井盖或警报器。在接下来的 24 小时里，回顾你这一周接触过的最有趣的东西，或者遇到过的最难忘的气味。回顾让你注意到的事物，不管它是什么。

和亲密的朋友分享你的观点，或者只留在心里。等到明天，再来一次。

---

1. 耶普（Yelp），是美国最大的点评网站，基本模式类似中国的大众点评网。

有选择地听

你单曲循环过吗？我打赌你一定干过。这与其他的纵情狂欢一样令人愉悦，也能给人以启发。但是，重复聆听本身并不总能让你透过表面直抵所听作品的深处，或者帮助你发现从未注意到的东西。

不妨借鉴一下音乐家兼教育家伊森·海因（Ethan Hein）的方法。海因在纽约大学和蒙特克莱尔州立大学教授音乐技术。你可以把他的方法看作"批判性倾听"。海因让他的学生从一首歌曲中挑一个声音，仔细聆听，其他的不管。可以选择低音部，可以选择人声，也可以是合唱部分，识别出其中的每一个音。海因让他的学生为他们的结论创建图表和列表。是什么乐器或设备发出了这个音调？是谁演奏或编曲的？为什么他们要这样演奏？海因说："对于普通听众来说，光去听这些声音就足够了。"识别设备并不重要，重要的是落到一个听起来足够真实的主观描述上，比如"那玩意儿听起来像海鸥"。有时，音乐家们会把歌曲的这些组成部分做成不同的音频文件，并称之为歌曲的"声部分轨"。比如，大卫·鲍伊（David Bowie）就发行了《太空怪谈》（*Space Oddity*）的声部分轨。海因说，在你听过一首歌的单轨音频之后，就很容易理解它的完整版。试试去找一下歌曲的声部分轨、无伴奏合唱录音，或者网上其他唱片中类似的歌曲片段，很多都能找到。海因说，他认识的一个狂热披头士粉丝有一段"启示性"的经历，他只关注乐队歌曲的贝斯声部，自认为已经对此了如指掌。"现在，他对这些歌是怎么唱的有了全新的认识，他将其比作一生活在黑白的世界，然后看到了色彩。"有选择地听，可以让这样的魔法变成现实。

寻找声音

我的一个学生曾提议,特别注意去听一种声音:鸟鸣。对他来说,这是一种练习,能在一定程度上与城市中的自然事物产生联系。不过,在乡村或偏远地区寻找单一的声音,可能更有价值。

我们认为"安静"的地方,其实也充满了声音,这些声音是微妙的、遥远的或分散的。你也可以去搜寻声音的来源(那些公鸡到底在哪里),或者当这种倾听方式已成习惯,就改进你的目标——例如,寻找一种特定的鸟类。

另一个学生也有类似的想法,去寻找周围的声音:那些不突出、不扰人、对一般人来说无关紧要、通常被忽略的声音,比如塑料袋挂在树上发出的轻微沙沙声。她原本觉得这种声音很烦人,但主动寻找之后,她的感受变得不一样了。她不再是充耳不闻,反而开始主动收集这样的声音。

寻找感觉

欧内斯特·海明威（Ernest Hemingway）在提及自己关于"是什么成就了一位好作家"的看法时，常常抱怨说，大多数人既没有真正地倾听，也未能真正地观察。为了强调这一点，他发起了一个挑战项目：

> 走进一个房间又出来时，你应当对房间里的一切有所了解。如果那个房间给了你一些感觉，你应该确切地知道是什么事物给了你那种感觉。尝试练习一下。

观察周围的环境，就是关注我们的外部世界：看到的、听到的、闻到的、感觉到的，甚至是尝到的。真正能标识一个地方的，往往是不那么实在的东西——我们内心的感觉。

对地铁乘客行为的研究，是一个有趣的例子。研究人员试图了解，为什么人们在地铁里会坐或站在特定的位置——他们仔细研究了在不同情况下影响乘客使用空间方式的因素。一个略出人意料的发现是，许多乘客喜欢站在靠近列车车门处的原因，部分来说（很明显）是这里能更快地走出车厢。但是，根据报告，这种现象更是由一种抽象感觉促成的——为了避免"与就座乘客偶尔发生眼神接触的不舒服感觉"的愿望。

我们看不到感觉，但它们又是非常真实的，影响着我们对世界的体验。想象一张同时列出地点与感受的地图。在一次常规旅行或新奇探险中，人们可以定期监测身体和精神状态，相当于与冥想相伴的内在反思的快照。你在哪里感到不舒服甚至不安；又在哪里感到无忧无虑，脚步轻快？在那个状态下，你受到的身体或社会影响是什么？

最后让我们聚焦于海明威古怪挑战的最后一步：去关注内心的感觉——无论是焦虑还是快乐，这不重要。你要确定这种感觉的具体来源。然后，去告诉别人。

拍一张声音照片

彼得·库萨克（Peter Cusack）把自己的作品称为"声波新闻"，相当于摄影新闻的听觉版。"换句话说，"他曾解释道，"从一个事件或地点的录音中获取信息，不需要太多的言语。"

早在 1998 年，他就开始做一个名为"伦敦最受欢迎的声音"的项目，收集来自伦敦市民的短音频剪辑，并将结果发布在一个带有可播放地图的专门网站上。此后，从柏林到北京都有类似的项目。最近，库萨克的网站 favouritesounds.org 上提供了英国赫尔市最受欢迎的声音地图：车水马龙、操场喧嚣、唧喳鸟鸣、集市乐队、公共喷泉。他自己也开始了其他的项目，尤其是"来自危险地区的声音"，从遭到环境破坏的世界各地收集音频。

"最受欢迎的声音"项目要求参与者为录音命名并加以阐释。但库萨克解释说，真实目的与描绘声音图谱关系不大，而是试图"让人们谈论听到日常声音的方式，以及他们对声音做出的反应，或者对那些声音的想法和感受，说说这些声音有多重要（或多不重要）"。通常，当人们谈论起自己的住处时，会说他们住在城市的什么地方，白天都做些什么，或者如何通勤。类似地，试着想想自己听到了什么。

"通过聆听这座城市的声音，你可以对它产生很多了解，"库萨克说，"相比于询问它的外观和视觉效果，你会了解到很不一样的东西。对我来说，这很有趣。尽管伦敦是我的家乡，我对它了如指掌，但我还是听到了在伦敦闻所未闻的新地方。"

你不需要正式参加什么项目。在一天或一个月中，选好时间点，用你手机上的语音备忘录应用程序来拍摄音频快照——也可以说是声音快照。想想你要选择记录什么。回去重听一下，试试能否回忆起那些地方。给朋友播放一些你的声音快照，看他是否能猜出它们是什么声音。然后谈谈你是在哪里录制的，以及为何录制。邀请你的朋友也这样做。

扩展你的听觉注意力,
直到包罗万象,不加评判。
耳朵收音,大脑聆听。

—— 作曲家鲍林·奥立佛洛斯(Pauline Oliveros)

深度聆听

作曲家鲍林·奥立佛洛斯（Pauline Oliveros）以一种她称之为"深度聆听"的练习而闻名。在一定程度上，这起源于她与其他几位音乐家在华盛顿州一个地下14米的废弃水池里表演的经历。这群人都有一个毛病，就是喜欢拙劣的双关语，还将他们1989年在太空中录制的唱片命名为《深度聆听》(Deep Listening)。

但是水池里非同凡响的混响，确实迫使乐师们极尽所能地倾听周围的环境。因此，（没有观众的）演奏促使他们以新的方式思考声音和空间的关系。如此便诞生了"深度聆听乐队"、"深度聆听工作坊"和"静修"，最终形成了"深度聆听学院"。奥立佛洛斯后来解释说，这种练习发展成了"探索听与聆听之间的区别"。

听是涉及声波和身体官能的物理过程。我们了解它，因为它很容易研究；然而聆听，也就是对声波做出的阐释，是很难量化的。

"听，是激活感知的物理过程，" 奥立佛洛斯接着说，**"聆听，则是关注你所感知到的，无论是听觉上还是心理上。"**

奥立佛洛斯眼中的听觉，包括记忆中的声音、梦中听到的声音、甚至想象或虚构的声音。她曾提到过，可听化（从建筑声学中借用的一个术语）是我们用类似螺旋体的视觉形象来描绘声音的一种想象。她说："听，是一种依靠声音积累经验的终身练习，它包含了声音的完整时空连续体。"

早在形成"深度聆听"这个术语之前，奥立佛洛斯就尝试过很多类似的想法。特别是在1974年，她写了一篇简短而很有影响力的

文章,叫作《声音的沉思》("Sonic Meditations"),提供了一些颇具诗意的指导:

"晚上散个步。"

"走路要悄无声息,你的脚底都会变成耳朵。"

这些极富创造力的提议大多都包含发出声响,特别是在人群中发声,这与她的信念一致,即音乐性不应仅限于音乐家所有。例如:"选择一个词,在心里倾听。慢慢地、逐渐地开始读出这个词,让它每一个微小的部分听起来都被拉长到极限。长时间重复这么做。"

你可以整合奥立佛洛斯的一些建议来探索深度聆听,而不必担心创作目的。用以下的方式,实验奥立佛洛斯提倡的那种扩张性聆听。这种方式有几个源头,不过最主要的,是来自 2011 年西雅图深度聆听强化课程中的"冥想"练习。你可以把它当作一种探索你听觉身份的方式:

在任意空间里,"倾听所有可能的声音"。当一个声音引起你的注意时,停留在它身上。它结束了吗?想想它让你想起了什么。想想那些来自你过去的声音,还有来自梦想、自然、音乐的声音。

现在请想出一个让你回忆起童年的声音;看看你是否能找到一些让人联想到那种声音的东西。仔细思考你的发现。停在这里,或者按照前面提到的 2011 年冥想练习的指导,想听多久就听多久:"回到同时聆听所有声音的状态。继续下去。"

绘制声音地图

在旧金山艺术大学一门关于"媒体景观中的声音"的课程中,作家马克·韦登鲍姆——我在早前的《回顾日常》(见78页)一节中提到过他——带着他的学生进行"声音漫步"。这是一次关于声音而非景观的徒步旅行。有一次,这样的漫步始于一个商业街的购物中心,那里播放的是零售背景音乐。然后向外走,向东移动,路上充斥着聊天声、交通噪声和偶尔的警笛声;在一幢提供"私家静谧"的高级住宅楼的大堂外驻足;考虑小马丁·路德·金纪念堂瀑布的听觉效果;最后,被街头福音传道者震耳欲聋的扩音器声打断。

学生们不仅要注意声音是如何起作用的,还要注意声音的来源、时间和原因。

韦登鲍姆教学生识别2个街区范围内的3个声音,并在数字地图上标出每个声音的起始点,描述其含义或功能。

即使是这种地图的纯粹假想版,也会带出一些有用的问题。它是否应该纳入瞬间即逝的声音,比如鸟叫声、飞机声、远处的雷声?还是只记录地理位置更固定的声音,比如教堂钟声、雄鸡打鸣声、吊桥上的鸣笛声?

作为一项课外作业,韦登鲍姆鼓励他的学生绘制自己的声音漫步图,围绕一个特定的主题进行设计,包含多个令人感兴趣的发声点。正如他所说,其结果是一趟"解说之旅",解读了一个地方的"声音构成,比如美学、文化、历史等"。

"世界是一座博物馆,"他说,**"你就是讲解员。"**

绘制感官地图

想象一种除了记录和标明地点还包含更多功能的地图。扩展你的思维,甚至超越听觉、触觉和味觉的范畴。

收集触觉,在日常接触的事物和很少接触的事物之间切换。留意什么是粗糙的、什么是光滑的、什么是热的、什么是冷的、什么是硬的、什么是软的。前文提到过的设计师卡拉·戴安娜(Carla Diana)曾说:"我喜欢花点时间,通过敲击、戳戳、抚摸和抓挠来感受事物。这能让我欣赏事物运动的方式,比如袋子里的 M&M 巧克力豆或是气温的变化,又比如自行车管的凉爽或者织物纺织的走向,还有当你靠墙行走时感受到砖的粗糙。"

这是当你体验世界时,进行思考的好法子。将自然的与人造的进行对比。灵感来自富有传奇色彩的建筑评论家艾达·路易斯·赫克斯特布尔(Ada Louise Huxtable)最有名的书《你最近踢楼了吗?》(*Kicked A Building Lately?*)。

探究味觉的挑战更大——当然,我不赞同去舔楼——但这也不是不可能的。找一找附近(安全的)可食用物资的来源,从果树到自动售货机。然后去绘制能够定义一个街区、一个社区、一个城镇的味道地图。

散个嗅觉步

对气味的探究激发了许多引人注目的作品和项目,这些作品和项目反过来又能启发我们找出更好的方法来跟随我们的鼻子。

英国学者、城市规划师、2013年出版《城市嗅觉风景》(*Urban Smellscapes*)一书的作者维多利亚·亨德森(Victoria Henshaw),她的实践包括在英国谢菲尔德和其他地方组织气味漫步活动,在活动中开展她对"城镇和城市气味的当代体验"的研究。亨德森的调味料工厂是谢菲尔德漫步活动的重头戏。

正如她在一次采访中所言,其气味漫步的独特之处,并不是在于她规划的路线,而是鼓励参与者把注意力集中在气味上——人们经常告诉她,"我知道这个气味,但我从未仔细想过"。"我们会穿过一个街区,与此同时我要求他们关注气味。"她解释说,"他们会说:'这种气味非常熟悉,我每天都能闻到,我也真的很喜欢,但是我以前不会有意识地注意到有这个气味——我只是匆匆而过。'"

艺术家凯特·麦克莱恩(Kate McLean)和西塞尔·托拉斯(Sissel Tolaas)也使用气味作为发现、探索和理解的工具。托拉斯是定居柏林的挪威人,经常与国际香精香料公司(International Flavors & Fragrances)合作,替奢侈品牌开发香水。她花了数年时间积累了一个"嗅觉档案",储存在数千个密封的罐子里,并在伦敦、伊斯坦布尔、东京、加尔各答、奥克兰等50多个城市进行嗅觉项目。

在堪萨斯城,她使用从国际香精香料公司借来的便携式漏斗装置,"收集"了密苏里与堪萨斯边境的6个社区的气味。然后,这些气味被嵌入闻香卡中，作为一种探索性游戏，在城市各处的分发点出售。

麦克莱恩是英国人，她制作了阿姆斯特丹、爱丁堡、米兰、纽约和其他城市的气味地图。在阿姆斯特丹，她与数十名当地人进行了多次散步，与他们一起识别出"代表"这个城市的 11 种核心气味，并绘制出人们可以体验它们的位置。有时，她会关注一些更微观的嗅觉细节：比如，零售商开门时对整个街区的一小部分产生的嗅觉效果。

当然，麦克莱恩的工作也会遇到难闻的气味。她调查过纽约市"最臭的街区"，以及死水、干鱼和卷心菜的混合气味。

麦克莱恩在主页 sensorymaps.com/about 上提供了一份方便使用的 PDF 指南文件，来指导自己的嗅觉之旅（她称之为嗅觉工具包）。我在此引用其中的一些内容：

- 对奇怪的和意想不到的气味保持警惕，但也要关注某个特定区域特有的"偶发"气味——比如，鲜花或烹饪的味道——以及不那么强烈但暗示嗅觉"环境"的背景气味。
- 慢慢走，注意至少 4 种不同的气味；她称这种相对被动的方法为嗅觉捕捉。把这些气味写下来，记下位置、气味强度和持续时间，以及自己的反应和想法。
- 尝试嗅觉探索——例如，压碎树叶，或者主动闻一闻墙或其他物体——然后再记录 4 种气味。
- 使用上述任何一种方法收集 4 种气味；如果可能，与其他嗅觉散步者讨论你的发现。选择一种能"概括这个区域"的气味。

我的工作就是集中注意力，看看有什么是我们还没看到的。我总是试图从它们的利益或价值角度去看待那些被忽视和低估的东西。

——艺术家尼娜·卡查多里安
（Nina Katchadourian）

留意你所注意的和没注意过的事情

人人都会留意经常注意的事情；现在，也请留意一些你从未注意过的事情。这是艺术家尼娜·卡查多里安（Nina Katchadourian）曾给学生安排的一项任务，虽然听起来很简单，却很有启发。

正如一位敏锐的评论家所说，卡查多里安的作品"充满了好奇心"。我在前文提到过，她为现代艺术博物馆的灰尘创作了 30 分钟的音频巡展。她还有一个项目是改装会发出鸟叫声的汽车，方法是往车里放入可以发出六种鸟鸣的警报器。

在卡查多里安还没有完成的项目中，最知名的大概是《指定座位》。2010 年，卡查多里安似乎总有搭不完的航班，她被困在了超级乏味的飞机座位上。因此她下定决心要利用这段时间，用手边的材料创作艺术作品。从那以后，她拍了数百张照片、制作了多部视频和动画，都是通过仔细观察她身边熟悉的事物得来的。

结果让人欣喜，她创作出了一些带有超现实意味的影像，比如把面包屑堆在飞行杂志的图片上，或者在特定角度拍摄威化饼干——与纽约世贸中心双子塔非常相似。更令人拍案叫绝的是：她摆弄一次性毛巾和飞机上可用的纸制品，折叠出 15 世纪肖像画中神情忧郁、衣着花哨的人物形象，这些具有弗拉芒风格的肖像构成了《指定座位》项目中"盥洗室自画像系列"。

正如作家杰弗里·卡斯特纳（Jeffrey Kastner）所言："关注世界不仅是艺术家的天职，也是任何一个把世界想象成值得保护之地的人的天职。"

这就是卡查多里安给她的学生安排这项任务的原因：更好地关注世界。你可以在一些熟悉的地方做类似的事情，比如办公室周围的街区、你经常待的房间、常去的公共空间。卡查多里安要求学生们记录下他们注意到的每一件事物，并解释这些发现——有一次她还根据这些事物，组织学生们进行了一次集体徒步旅行。

拿引起你注意的事情和没有引起你注意的事情来对比一下是很值得玩味的。**只要花半个小时，去任何地方，真正留意你所注意到的。**有时我们只需要一点自信，相信我们注意到的事情是重要的：毕竟如果没有其他人提及，我们可能会认为它没有那么重要。克服那种感觉。正是那些大家都忽略了的东西才恰恰值得我们重新思考。为什么你总是注意到这一点，为什么别人就没注意到？

改变尺度

1977年,著名的设计师夫妻查尔斯和雷·埃姆斯(Charles and Ray Eames)完成了9分钟电影《十的次方》(*Powers of Ten*)的最终版,影片讲的是"宇宙中事物的相对大小"。

影片的开头从上空拍摄一对夫妇在芝加哥公园野餐。旁白解释,那个镜头照出1米远的景物,每隔10秒,镜头会往远拉,每次拉远10倍:10米,100米,1000米,以此类推。这对夫妇很快就消失了,然后我们看到了整座城市,整个国家,之后是整个地球。到了10^8米后,我们稳稳地进入了外太空。这段旅程停在了10^{25}米的地方,即已知宇宙的大小,然后镜头往反方向拉近。很快,镜头又回到了那对夫妇身上。这一次,镜头拉近到男人的手,进入了亚原子粒子的领域,最后停在10^{-18}米处。

除了后来给《黑衣人》(*Men in Black*)电影的结尾带去了灵感,埃姆斯夫妇的短片还为我们提供了关于尺度的生动课程,让我们学会如何测量、如何体验。几年后,这对

夫妇的孙子埃姆斯·德米特里（Eames Demetrios）在加州科学院组织了一场名为"十的次方"的展览。"尺度就像地理学，"他当时说，"如果你在新闻里听到阿富汗但不知道它在哪里，那么它在你的脑海里就无法处在确定的位置。数字也是一样的。炭疽的测量单位是微米；农药残留的报告单位是十亿分之一。这些数字对我们的生活很重要，我们应当了解它们的意义。"

以全新的眼光看待任何环境，通过聚焦细节来改变尺度。也许你可以通过调节手机镜头的焦距来增强眼睛的感知力。现在停下来，想想"大画面"——用一个你自己看不见、只能靠想象的尺度，思考你所处的位置。

改变时间的尺度

尺度是一个物理概念,也是一个时间概念。寻找你周围最古老的东西。它可能是街道上的特定建筑,房间里的特定物体,或是窗外的一棵树。答案可能很明显,也可能无法确定。

现在再找找你周围最新的东西。

想想那些德高望重的人和身边的人有什么共同之处——又是什么使他们与众不同。

想想哪样东西会用得更久,以及为什么。

让你的世界充满神灵

我不太确定该如何描述我的朋友卢西恩·詹姆斯(Lucian James)——或许他是绩效教练、精神顾问和战略顾问的合体?每当我寻找关于任何事物的原创观点时,我都会去找他。我知道,如果我问他关于注意力的问题,他一定有话要说。

"世界上有两类信仰,超凡的和在世的。"他这样回答,"前者通常发源于沙漠环境,神被视为生活在沙漠之上和之外,属于'天神'宗教;后者发源于森林环境,神被视为活在万物之中,属于异教与民间信仰。"他希望我考虑的是后者,尤其是日本神道教的做法。

他告诉我,西方人常常认为神道教的信徒表现出一种"对一切事物的程式化崇敬"。因此,詹姆斯教导他的客户:"可以借用这一点,对每天遇到的每件事和每个人都进行神道教式的练习。"

我们可以给万物都注入一点神的灵性,比如笔记本、水杯、鞋子,等等。

这听起来可能有点神秘。虽然詹姆斯是站在宗教的角度去解释它的,但寻找"神灵"其实并不需要任何特定的宗教——或者说,根本不需要任何宗教信仰。

暂停一下,假设你现在正与一件物品建立联系。例如,你桌子上的一个订书机。考虑一下"小小神"可能存在于其中,以及它可能意味着什么。"奇怪的是,"詹姆斯告诉我,"人们立刻就知道该怎么做了。他们开始以一种更加'日常神圣'的方式来对待一切——笔、鞋、食物。"

或许这根本就不奇怪。

通过保持"单一关注点"来练习受神道教影响的观察力。这似乎是一个直截了当的命题——然而，正如詹姆斯所观察到的，"所有当代文化都在妨碍我们这么做"。记得要专注于一件事，并在其中寻找神灵。

> 即使在一片树叶上，
> 或一片草地上，
> 神也会出现。
>
> ——神道教谚语

清空思绪

在我20多岁,每周工作很多个小时的时候,我仍然决定要有工作以外的生活。所以我报名参加了一个每周一次的纪录片放映活动。可以预见的是,为此腾出时间是富有挑战性的。在第三次放映活动的晚上,我争分夺秒地赶在灯光要熄灭的一刻进了场,但我脑子里的事情太多,根本想不起当天要看的是什么电影,也因为太忙来不及去查。我一屁股坐进座位,大银幕开始播放,是《意志的胜利》(*Triumph of the Will*)。真棒,经过一整天超负荷的感官刺激,我需要的正是纳粹的夸夸其谈和希特勒的尖叫。

当我了解到艺术家玛丽娜·阿布拉莫维奇(Marina Abramović)举办的《哥德堡》活动时,我想起了这段荒唐的经历。从理论上讲,那次活动的主要节目是由伊戈尔·莱维特(Igor Levit)演奏巴赫的《哥德堡变奏曲》。但在某种程度上,真正吸引人的是它的序幕。观众被要求在演出前30分钟到达,戴着降噪耳机静静地坐在会场里,进行一种精神上的洗礼。

阿布拉莫维奇最出名的可能是她的表演《艺术家在此》(*The Artist Is Present*)。她在纽约现代艺术博物馆现身,参观者可以坐在她的对面,一次一个人,与她静静地对视,想坐多久都可以。她还设计了一系列名为"阿布拉莫维奇方法"的练习,即把注意力集中在某一个特定的动作上。比如:在一段时间内默默地注视另一位参与者,用极其慢的速度走过一个房间,花20分钟的时间非常从容和专注地喝一杯水,用整整10分钟写下自己的名字,数数一大堆米中的每一粒米等。此外,阿布拉莫维奇还强调了独处的重要性,主张艺术家应该在瀑布、湍急的河流和喷发的火山前停留很长时间,还要长时间观察地平线和夜空中的星星。

尽管所有这些建议都很有意思,但我最感兴趣的,还是阿布拉莫维奇将她对注意力的思考运用在那场《哥德堡》活动中。你有多少次发现自己经常在重要的演出、活动或会议前及时赶到,而杂念却像一团尘埃一样尾随你?不管《意志的胜利》是好是坏,那晚我应该承认,我没法真正专心看片,我应该走出去,静静坐上两个小时。

尝试在规律的生活中重新创造阿布拉莫维奇的精神。下次你约在乎的人出去吃饭时,早点到(或在附近坐一会儿),什么都不要做。就只是观察世界、想想你要见的人、清一清你的思绪,摆脱那些让你分心的责任和烦恼。

重要的时刻应当有一个深思熟虑的前奏。记得做好准备。

练习数码静默

当我们抱怨数码产品时,我们是在抱怨他人给我们造成的干扰。当我们决定"拔掉电源"时,想要回避的就是这些干扰。

但这真的总是关于别人的发帖与更新吗?你自己呢?你难道不曾冲动地向那些你关注的遥远听众挥手,示意你的存在吗?

可以考虑偶尔来个"数码静默周"。

你可以查看你关注的各种信息和别人的线上聊天,但不要参与其中。

看看这会如何影响你与他人"联结"的冲动。看看这是否改变了你关于"需要交流什么"以及"为什么要交流"的标准。我经常想,如果 Facebook、Twitter 或 Instagram 实施这样的限制,我们会看到什么景象?比如说,每个月只能更新三次,或每周只能给两个人发即时信息。这会不会更能让我们限制自己只说真正重要的事情?我们的"网络"是否会松一口气?

你会吗?

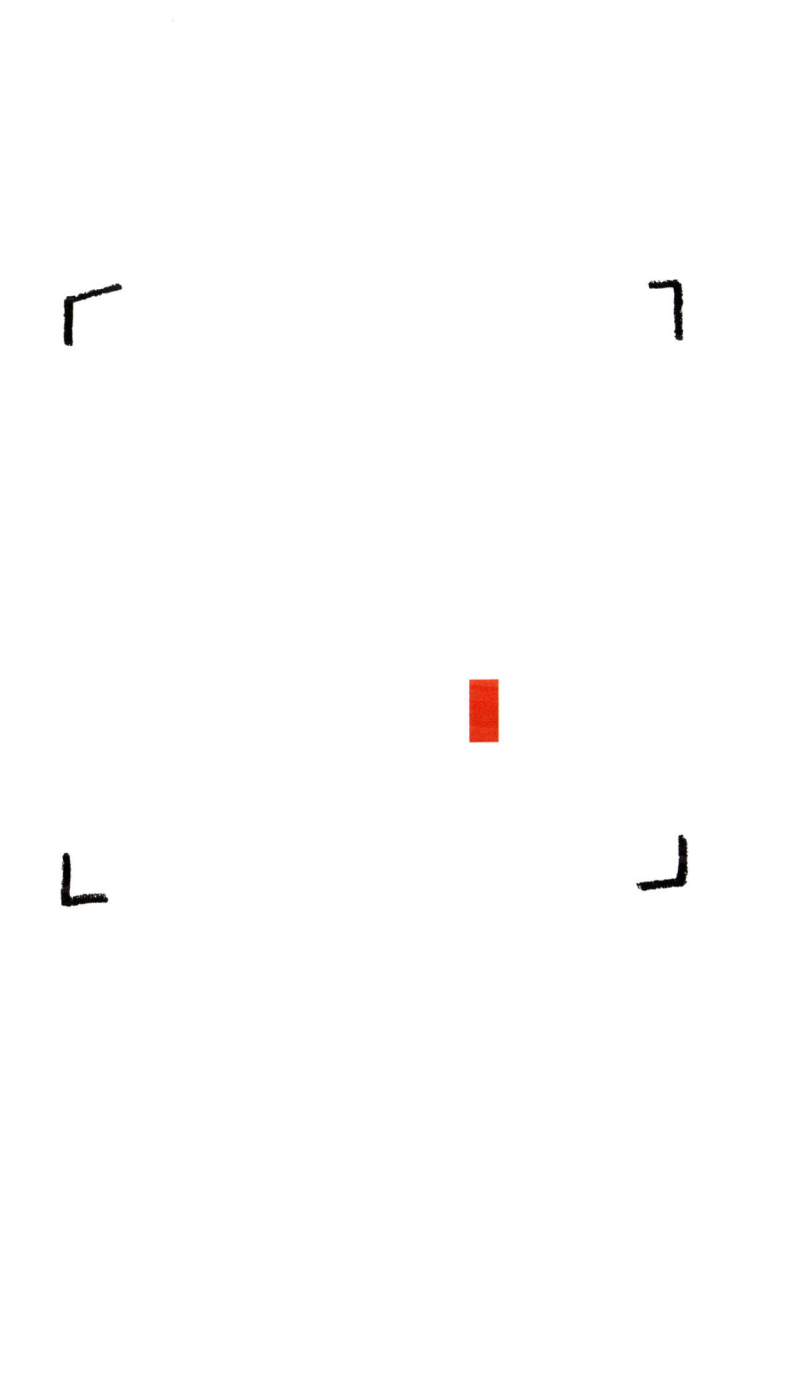

探索基本感觉

👁 👁 👁

谁都知道人类有五种感官：视觉、听觉、味觉、嗅觉和体感——更通俗的说法是：看、听、尝、闻、摸。

但这可不是全部。你不需要触摸明火，就能感觉到它的热量。这是因为存在另一种叫"温觉"的感觉，即检测温差的能力。

闭上你的眼睛，把你的手指放在贴近鼻子的位置。同样，这也不涉及触摸，但是你可以感觉到你的手指在哪里。这叫作"本体感觉"，是我们对身体空间关系的感知能力。

其他感觉还包括"痛感"，也就是感觉到疼痛；"平衡感"，对平衡状态的感知；"机械感"，对机械刺激（如振动）的反应——在智能手机时代，这种感觉特别灵敏。此外，"时间感""饥饿感"也属于某种感觉。看你怎么定义了，人类的感觉不止有五种，其实多达数十种。

试图找出这些非显而易见的感官可能会有点令人生畏。但马塞尔·杜尚或许能帮上忙。在他的各种出格举动中，不太为人所知的是：他引入了一个对他的作品而言很关键的术语"基本感觉"。杜尚为"基本感觉"举的一个例子是：人刚起身的座位上所散发的余温。

杰伊·D. 拉塞尔（Jay D. Russell）在一篇论文中，就这个定义进行了阐述：通常来说，"基本感觉"是指两个事物之间的分离和差异。我不是特别满意这个解释，不过暂且将就一下吧。

艺术家兼诗人肯尼斯·戈德史密斯（Kenneth Goldsmith）提供了其他一些例子。比如发送电子邮件时的嗖嗖声，刚吐出一口烟时的口腔气味，激光打印机刚打出来的纸上的温度。"另一个例子是，当我用 iPhone 拍照时，它会发出类似 20 世纪 40 年代尼康相机的声音。"戈德史密斯说，"那是一个有趣的时刻。"他称"基本感觉"为"状态间的状态"。

也许杜尚是对的，最好不要去定义基本感觉。它似乎说出了一些难以名状的东西，那是我们感知到的产物，超出了我们通常的感知范畴。

寻找那些时刻，不要担心它们会被如何定义。请相信，如果你认为你已经找到了，那就是找到了。

3 去转转

寻找幽灵景观与废墟

👁 👁

威斯康星大学麦迪逊分校的历史、地理和环境研究教授威廉·克罗侬（William Cronon）所负责的项目中，有一部分是让研究生创建环境历史研究的在线资源。他们编写的手册《如何阅读风景》为读者、探险者和研究人员提供了大量有用的建议。我最喜欢的内容是寻找幽灵景观和废墟。手册中写道：

> 幽灵景观是过去遗留的线索，显示了从前的景观可能是什么样子，以及它是如何经过改造，成为现在的模样。
>
> 它们就像废弃高速公路的残骸般引人注目（即横跨美国西部的 66 号公路或加州的 38 号公路延伸段），或者像树木生长模式的差异般难以察觉——或许能提示这些树是最近种植的；若它们被种成两排平行线，那就是一条废弃道路的痕迹。

废墟是相似的："褪色的历史记录依然清晰可见。"比如，一台旧的、不能使用的付费电话就是一个废墟，它诉说着自己周围环境的故事。此外，一直存在的废墟也透露出一些问题：为什么没人把那部旧的付费电话拆掉并搬走呢？因为它的历史意义？还是仅仅因为人们无视它的存在？

没有人会硬把你的注意力引到特定幽灵景观或废墟上。但如果你想更深入地了解一个地方，以下这些正是你应该寻找的东西。

去寻找：

周围的声音

感受

图案

形状

颜色

数字

窗户

幽灵

月亮

一些你已经在找却还不自知的东西

反常之物

站一会儿

"与树形仙人掌站在一起"活动,就是它听起来的那样。参与者前往亚利桑那州图森市外的仙人掌国家公园,在一株标志性的仙人掌附近站上一个小时。(也可以坐着,一个小时也只是建议时间。)大约有 300 人参与了这项活动。

这些参与者欣赏并重新评价了他们熟悉的仙人掌,感到自己与自然建立起联系,内心平静。"这项活动教会了你什么是耐心,"一名高中生分享他的感受,"时间过得真快。"

你可能无法就近找到仙人掌,但当你在寻找与自然联结,或是散步、远足时,可以挑一样东西(感觉上很熟悉、但其实不熟悉的事物,比如美国西南部居民心中的树形仙人掌),然后在它身上投入百分之百的专注力。

这种方法你可以称之为大自然漫步,或者也可以叫大自然逗留、大自然徘徊、大自然闲逛。

来一次走拍,但别带相机

👁 👁

在谷歌上可以找到不计其数的文章与基本建议清单,教你拍出更好的照片。我会推荐博客先驱杰森·科特克(Jason Kottke)曾经发布的一段视频。标题很有吸引力,叫《助你下一次走拍的23种忍者招数》,内容是街头摄影师托马斯·洛伊特哈德(Thomas Leuthard)在萨尔斯堡走拍,示范各种"创意玩相机的方法"。

其中一些方法纯粹是技术性的,但更多的是教给你一种过滤环境信息、关注并欣赏新事物的方法,这些方法即使你不带相机都能运用。

视频建议大家找到一处有趣的背景,等待引人入胜的主题进入其中,目标是寻找"决定性的时刻",可能得等上好一阵子。摄影师埃里克·金(Eric Kim)称之为"钓鱼"。就算没有相机,你仍然可以驻足或坐在某个特定地点,环顾四周,想象一下你可以拍摄的照片,等待"正确的"或"决定性的"时刻。当你觉得你已经看到了那一刻,就可以前往下一个新的地点。

视频还建议大家"寻找新的角度"。在视频里,洛伊特哈德把相机放在地上,自己坐在码头的缆桩上。"再低一点,或再高一点。"这是个可靠的建议。当你在没有相机的情况下散步时,时不时地蹲下来(如果你感到尴尬,就假装在系鞋带),或者站到某样东西上,凝视一下周围的风景。想象自己在拍照,然后继续走下去。

"为你的拍摄对象寻找'自然画框'。"视频中提到说。比如一个坐在公园长椅上的女人,被某个公共雕塑的元素给"框住了";又比如另一个在笔记本电脑上打字的男人,恰好能"框在"两棵大盆栽之间。"小巷和门道都是很棒的画框,"视频补充道,"进去等着就行了。"你可以在这些地方试着运用一下忍者招数,不必非得将美丽的景象记录下来。躲在巷子里等着吧,当你看到想要的场景,你就大功告成了,然后继续前往下一站。

"眯着眼睛去看某个场景的光线,然后把拍摄对象放在最亮的地方。"这是一条不错的建议,你可以只做前半部分,不用担心后半部分。当你发现光线不好处理,或者产生了某些有趣味性的东西时,可以间歇使用这个策略。

"阴影和反光也能成就很棒的照片。"这一点我很赞同,要时刻留意它们的存在。

视频在最后说道:"不要怕人。"说得没错,不过洛伊特哈德还有更厉害的一招:接近每一个他注意到的有趣的人,并递上自己的名片。你大可以跳过这个步骤,只需要礼貌地微笑——或是戴上太阳镜,这样你的拍摄对象就不会发现他们已经被你的注意力给"捕捉"了。

与专家同行

独处是磨炼注意力的最佳状态,不过如果有适合的同伴,也很不错。亚历山德拉·霍洛维茨在《论观看》一书中记录了她与一群"专家"一起在自家街区散步的经历,这些"专家"所处的行业包括字体设计、植物学、公共空间、地质学等。霍洛维茨发现,这些向导在她自以为非常熟悉的地方行走时,非常乐意帮助她用他们的方式观看世界,让她留意到那些对他们来说显而易见、对她来说却视而不见的东西。

我们不可能都去说服世界著名专家、甚至只是地方上的名人在我们选择的某个地方闲逛一下午。不过,要找到一个非正式的社区历史学家(比如无所不知的邻居)并不难,他会非常乐意为你详细阐述某栋房子或某个公园的重要秘密或故事。

所以,如果有邻居没事儿就提起一些不为人知的历史故事,那就请他来开个故事会吧。或者恰巧遇到比你更精通植物学的人,那就请他和你一起散散步,让他来引导你的注意力,透过你不熟悉的视角来探索你熟悉的世界。

> **如果无聊抓到你在走神，**
> **就会试图说服你拿起手机。**
> **但如果你真这么做了，你只会与无聊相伴。**
>
> —— 艺术家琳达·巴里（Lynda Barry）

发现假想的线索

艺术家琳达·巴里（Lynda Barry）为《巴黎评论》（*The Paris Review*）网站临时撰写了一次答读者问专栏。她曾经解答了一个不寻常的问题，关于如何避免无聊。具体来说，得克萨斯州一位被认定为"酗酒"的检察官，想知道如何在不必"喝太多"的情况下自娱自乐。

巴里的回答一开始就把读者引向了酒吧。她建议说，去一个离你家步行距离很近的酒吧。不要带手机。喝到晕乎乎，然后步行回家。

但她建议，在准备回家之前，先想一个你愿意回答的"或大或小"的问题。她写道："当你开始往家走的时候（你可能在路上迷路了，因为你有点醉了，而且没有手机），告诉自己，在接下来的90分钟里，你会遇到三条线索来回答这个问题。其中一个将以人的形式出现，一个将以垃圾或地面杂物的形式出现，最后一个将位于视线的上方。"

巴里的完整建议还包括回家以后写下几件事：路上发生了什么，你看到了什么，看到的东西如何回答了你的问题。不管你是否这么做（甚至不管是否真的喝醉），都可以按照巴里建议的基本框架进行：先提出一个问题，然后调整一些细节，比如把"家附近"改成"你将要去旅行的地方"，接着找出三条线索来回答你的问题。

也许巴里的建议真能回答你的问题。无论结果如何，都是不可预测的。她保证说："不到两个小时，你就会拥有一场伟大的体验，无聊对此一无所知，因为它还待在你的手机里。"即使你写下你的发现，她又补了一刀：

"无聊也读不懂你的字迹。"

在不熟悉的地方漫步

👁 👁

你不必到世界的另一头,也能找到新的地方进行探索。翻翻地图,想想哪里是你完全不熟悉的地方,然后给自己安排一次愉快的漫步。

这种预先计划好的、转换周围环境的策略,受到了马特·格林(Matt Green)"我只是在散步"项目的启发。该项目记录了一名男子在纽约市的每一条街上进行的漫步。后来,我认识了纽约城市学院的社会学教授威廉·赫姆里奇(William Helmreich),他在 4 年的时间里走遍了这座城市的每一个街区,并写了一本书:《无人知晓的纽约》(*The New York Nobody Knows*)。

这项练习关乎你怀抱怎样的期望。你不太可能发现世界历史遗迹和名胜古迹。你想要寻找、吸收和享受的,是更普通、更日常的细节——一个有创意的商店标志、一盘偏离正轨的棋局、一座随意而迷人的教堂、一辆停在路边的古董车、一个碰巧骑着独轮车的路人等。

随机化你的动作

🔴 🔴 🔴

自称是艺术家和计算机科学家的马克斯·霍金斯(Max Hawkins)辞去了谷歌的工作，花了两年时间试验如何"随机化"自己打发时间的方式和地点。

首先，他开发了一款个人应用，可以让他在优步（Uber）上任选一个预设半径的地点。后来他又开发了一个工具，可以在脸书（Facebook）上搜索附近的活动，然后随机选择他应该参加的活动。"每次马克斯解释他是如何以及为什么参加这些活动时，主持人通常在几个问题之后就欢迎他加入了。"美国国家公共广播电台这样报道，"有天晚上，他和一些俄罗斯人一起喝俄罗斯白葡萄酒。另一晚上，他还参加了双人瑜伽（类似杂技+瑜伽）。不管是社区中心的煎饼早餐，还是为年轻专业人士举办的社交活动，只要是这个算法选择的活动，马克斯就去参加。"随着时间的推移，霍金斯让他的算法指引他在哪里吃饭、旅行，甚至在哪里生活。最终，他安定下来，让自己的生活不再那么随意，但他创建了一个名为"第三方"的脸书群组和公共工具，帮助其他人找到随机选择的脸书活动。

虽然霍金斯的随机化方法有些极端，但其精神却鼓舞人心。何况它还有一个低技术的替代版本：抛硬币。

如果你在决定去哪家餐馆品尝或朝哪个方向转弯时，给决策过程增加机会，任何旅程都会显得更有冒险精神。让我们面对现实吧，有时花费所有的担心和调查去做一个充分研究过并知情了的决定，是不值得的。

偶尔做个坦率而随意的人吧。

成为本地游客

许多城镇都有官方意义上的旅游套路;当地人本能地认为它们是多余的、做作的,或者两者兼而有之。无论你住在哪里,抛开这种偏见,来一次套路旅行。你可能会对你的家乡多一些了解,你也一定会了解到它是如何呈现给其他人的——以及其他人是如何看待它的。

选一个你熟悉的地方,但要通过一个初来乍到者的眼睛去看。

艰难抵达

谷歌地图和它的竞争对手都被设计成要让你轻松穿越世界,它们引导你左拐右拐、一步一步,从你所在的地方到达你想去的地方。正如一位谷歌人曾说过的:"再也没有人会迷路了。"

我相信谷歌人的本意是好的,但我发现那种观点令人不寒而栗。事实上,我倾向于把"迷路"作为一个明确的目标。

但如果这太极端了,那就冒一下感到迷路的风险吧——至少可以时不时来一次。下回你要去个新地方的时候,别开应用程序。通过看地图——甚至是电子地图——提前研究路线。你可以随身携带一张打印的地图,或者写下行进方向,或者只是记在心里,在没有任何实时数字导航的情况下,开始你的旅程。如果旅途困难重重,转错了弯或开始就走错了,那就好极了。

从拉尔夫·沃尔多·爱默生(Ralph Waldo Emerson)到约翰·杜威(John Dewey),思想家们都曾颂扬通过克服障碍取得成就的价值。这只是一种简单的践行方法。

用艰难的方式抵达:与世界接触交流,而不是匆匆掠过。

"滥用"工具

👁 👁

俗话说："虽然是我们塑造工具，但工具也在塑造着我们。"

如果你允许，或许确实如此。但是，提醒自己是你在使用工具而不是工具反过来掌控你，最有效的方法之一，就是充分利用工具。

我的许多学生试图通过使用智能手机或其他技术手段来解决我提出的"练习集中注意力"的挑战。这听起来有点令人沮丧，但好消息是，他们比我更有创造性地发现了数字工具能做的那些被忽视了的事情。

一名学生发现，大多数数字地图工具都包括指南针。她便用罗盘的指针来引导她的视线。无论她走到哪里，都会时不时地朝正北看一眼，而恰好出现的事物会"给我看到的东西带来一定程度的随机性"。

编写行程表

搭便车往返伦敦到比利牛斯山,听起来很刺激。英国艺术家哈米什·富尔顿(Hamish Fulton)在1967年4月经历了一次令人难忘的冒险,当时他还是一名年轻的艺术学生。然而,他在旅程结束时提交的文档却出奇地平淡。他只是用打印机干巴巴地打出两页纸:"从伦敦到安道尔和安道尔到伦敦的搭便车时刻表,1967年4月9日至15日",接下来完全是简单的列车时刻表条目,比如"晚上10点,去奥尔良,20号公路上的加油站"。

在编写这部"反游记"时,富尔顿必须以一种特定的方式关注他的旅行,记录我们通常会忘记的行动细节,即便那些细节是确保某次旅行得以成行的基础。后来,他这份没有感情的文档出现在大英博物馆泰特美术馆的一次大型展览上,被解释为描述了"与世界的直接而特殊的接触"。尽管这种接触的形式非常简单:"**观众可以发挥他们自己的想象和经验,来拓展这些数据可能指向的东西。**"

这可以适用于任何个人移动的历史——无论是像富尔顿这样的历险,还是常规的一周。考虑一种简单明了、实事求是的日记形式,简单地记下旅途的起点和终点——从家到健身房、健身房到邮局、邮局到公司,等等。看看这会如何改变你对旅程的看法,并时不时重温一下你的移动日记。

如果你已经知道如何用一种可靠的方法解决问题，那就不要这样做。
你永远不知道在一条陌生的道路上会发现什么。

——设计师吉姆·库达尔（Jim Coudal）

改变你的路线

假设你每天都去上班。假设你知道到上班的最佳路线。假设你总是这么走。的确没问题!

但别再这么干了,至少偶尔为之。库达尔合伙人公司(Coudal Partners)的创始人吉姆·库达尔(Jim Coudal)建议说:跳出惯性路线和走法,才能走上自己的路。库达尔合伙人以创意设计项目及产品闻名,其中包括著名的"田野笔记"(Field Notes)手账本品牌。

"步行、骑自行车或开车——走不同的路线,去往一个相同的目的地。"他说,"如果你每天都以同样的方式通勤,你就不会注意到任何事物。事实上,到达目的地几分钟后,你就已经对整个旅程毫无印象了。进入这种僵尸般的通勤状态,实际上是在偷走你自己的时间。而新的路线能使旅行更加活跃和有趣。"

"这也是对创作过程的恰当比喻。"库达尔补充道。也许你已经知道什么是可行的——这正是你应该尝试不同事物的原因。

漂流

情景主义国际（Lettrist International）是20世纪50年代巴黎的一个激进艺术家和理论家团体，其成员包括居伊·德波（Guy Debord）。德波为该组织公认的一种被称为"衍生"或"漂移"的实践下了定义。简言之，这是一种运动哲学：

> 一个或几个人，在一段或长或短的时间里，放下他们的人际关系、工作和休闲活动，不需要找任何理由，以便让自己随着风景的吸引力和其中产生的际遇自由漂流。

这是一个听起来很浪漫的目标，但也有点含糊其辞。作家吕克·桑特（Luc Sante）曾经提出一个理论来解释这个观点的来源，并阐明了它在实践中的意义。"'心理地理学'一词是在1952年《巴黎流浪汉》（*Paris Vagabond*）出版后才被收入字母主义词汇表中的。这是一本由自称是让-保罗·克莱伯特（Jean-Paul Clébert）的男人写的回忆录，书中主要关注的是人们在完全没有钱的情况下，如何设法在城市中生存下来。"桑特写道，"这是克莱伯特自己的生活方式。"

第二次世界大战结束后，许多原有的经济结构都崩溃了，克莱伯特漂流在一座城市中。为了在这种状况中求生存，许多曾经生活有保障的公民现在只能漂泊度日，别无选择。桑特补充说："克莱伯特用任何可书写的工具在任何可用的纸上做笔记，比如餐馆的餐垫和报纸的碎片,他通过随意地涂画来写他的回忆录,使《巴黎流浪汉》成为达达主义的偶然产物。"

德波借用了这种做法,改头换面,转换成某种令人向往的境界。仔细想想,钱和人们的移动之间,联系是非常紧密的。如果把它们切断,会发生什么?

花一天时间去你的家乡旅行,不要花一分钱。然后在度假期间,挑一个下午,以同样的方式在陌生的城市度过。克莱伯特(以及其他在类似项目中先于他或追随他的作家)经历并创作了一文不名、边缘角落的城市肖像。你也可以试着把钱从必选项中剔除出去,看看会发生什么。同时也看看,你的行走路线、方向以及寻找的东西会发生怎样的变化?

试试漂流是什么感觉。

把大商场变成游乐场

在《万物皆可玩》(*Play Anything*)一书中,技术专家兼游戏设计师伊恩·博格斯特(Ian Bogost)提到:有一次他拽着年幼的女儿逛商场,突然发现在自己忙于采购各种生活必需品时,女儿却玩起了游戏:想办法不踩到地砖的缝。当然,这没什么好大惊小怪的,孩子们不需要教,就可以把任何事物变成游戏。

博格斯特的部分目标,就是帮助成年人也这样想。学会在现有的框架和限制中发现新的、意想不到的可能性,把那些隐藏的潜力发挥出来。博格斯特建议把沃尔玛当作游乐场。

和博格斯特一样,我经常光顾当地的沃尔玛超市,但其实我并不乐意去,那里没什么好玩的。为了在商店的荧光灯下买几样我需

> 密切地、愚蠢地、
> 甚至荒谬地关注各种事物。
>
> —— 伊恩·博格斯特

要的东西，我总是要穿过成堆不想要的垃圾。博格斯特认为，这是一个很好的机会，可以"密切、愚蠢、甚至荒谬地"关注这些垃圾。

他开始扮演"超市考古学家"的角色，做起研究，在脑海中整理出各种他想象不到的产品：比如芝士汉堡味的品客薯片。

现在我每次去沃尔玛都会玩这个游戏。穿过停车场时，我问自己：我将看到的最荒谬的产品是什么？最诗意的呢？最让人难过的呢？最能揭露21世纪美国真相的是什么产品呢？最滑稽的呢？有时我觉得我应该向博格斯特提议合作：我们可以开始购买我们的"发现"，然后用这些物品填满一个画廊。

或许，最好的选择还是让游戏保持原样。

入侵行为

"城市探险"（Urban exploration, UE）是一个通用的、自定义的术语，但它同时也是一项更具体的实践。正如布拉德利·L. 加勒特（Bradley L. Garrett）在他的新书《探索一切：地点入侵城市》（*Explore Everything: Place-Hacking the City*）中所写的那样，它特别关注"临时的、过时的、废旧的或废弃的空间"。

他在书中提道：城市探险者入侵废弃的工业用地、关闭的医院、废弃的军事设施、下水道、网络、交通、公用事业系统、停业的商家、被查封的地产、矿山、建筑工地、起重机、桥梁、掩体等各种地方。

这听起来很危险，因为也确实如此。爬下水道系统和废弃的建筑物不仅要学会躲避警卫和摄像头，还有可能受伤。《探索一切：地点入侵城市》的开头便是加勒特（牛津大学地理与环境学院的一名研究员）被警方拘留。他坦承，城市探险人群喜欢"不法分子"的形象，喜欢"鬼鬼祟祟四处转悠的蒙面人"。

但他认为，探索被遗弃的地方，是对现代城市的回应，因为"在这里，感官超载，保安措施越来越多已成为常态，唯一可接受的行为模式是工作，然后把钱花在预先包装好的'娱乐'上。"他喜欢把城市探险称为地点入侵行动，一种利用"城市建筑裂缝"的形式，就像电脑黑客利用代码漏洞一样。

这提供了对历史的另一种欣赏——历史并没有像官方遗产那样被有意地保护和管理，而是在销蚀。即便是城市探险的狂热爱好者所记录的那些平凡又禁忌的空间，比如废弃的医院或废弃的地铁系统，正如一个探险者所说，目的就是促使其他人"明白他们每天错过了多少东西"。另一位探险者则说，这种做法"可以让好奇的人发现了一个幕后的世界"。

即使你不相信激进入侵的浪漫故事，你也应该认真对待那些历史遗迹。

废弃的空间可以告诉我们很多，即使理论上它们是不该被看到的地方。城市里有大量场所是禁止进入的，到处都有或大或小的禁区。

留意这些地方，甚至只是一些踪迹。想一下你可能会错过什么，可以考虑把它们找出来。

在可疑的地方享用食物

当我们想到美食作家和餐馆评论家时,我们想到的是他们对高级烹饪技术的专业意见和他们对高档餐馆的评价。但这群人中的佼佼者也同样喜欢偏僻的苍蝇馆子。

乔纳森·戈尔德(Jonathan Gold)就是这方面的大师,他为《洛杉矶时报》撰写的美食专栏为他赢得了"普利策奖"(Pulitzer Prize)。从某种意义上说,他的整个职业生涯都建立在对默默无闻的人给予关注的系统性努力之上。

大学刚毕业不久,戈尔德就决定去皮科大道(Pico Boulevard)上的每一家餐厅用餐。皮科大道从洛杉矶市中心一直延伸到圣莫尼卡。正如他后来解释的那样,这次不可能的长途旅行充满了惊喜。洛杉矶的其他街道上有更多的著名餐馆——或者只是更好的餐馆。戈尔德写道:"正因为皮科大道如此不起眼,它就像别墅侧院草坪上的旧家具一样孤零零地躺在那里,它就这样处于洛杉矶市中心初级资本主义的核心。"这条街道穿过眼花缭乱的各色社区,呈现出洛杉矶及其居民多元化的景观。他认为,这使它成为"世界上最重要的食品街之一"。

是的,戈尔德坦承他吃过不少难吃的饭。但他也享受并发现了一些他从未听说过的美味食物。这种练习迫使他走进并体验了无数个他原本不会被吸引去的地方。"那一年我学会了吃。"他后来写道。这让他对自己的城市有了全新的认识。

在一个小范围内模仿这一壮举,改变你通常决定去哪里吃饭的方式，无论是在你的家乡还是在新的地方。不去选择你熟悉的连锁店、网红热门餐厅，或一看起来就很有趣的地方……而去选择与之相反的地方。

在某个丑陋的购物中心里，某间平淡无奇的餐馆居然在大众点评上连个评论都没有？进去试试吧！深吸一口气；针对菜单提些问题；机敏地观察其他顾客。然后花几分钟探索附近区域。也许你就可以向朋友炫耀你发现的美味食物了。或者，你总归能体验到一个新的地方，就为你自己。

阅读牌匾

牌匾和纪念碑是专为吸引你的注意力而设计的——然而它们却广泛受到忽视。承认吧：你匆匆路过的公共指示牌，可能比你停下来阅读的要多得多。

罗曼·马尔斯（Roman Mars）是广受欢迎的播客系列《99% 隐形》(*99% Invisible*)的制作人，他在节目中经常提到"读匾"。他认为牌匾常常讲述着人们眼前看不见的迷人故事。readtheplaque.com 网站在一张互动地图上提供了数千个这样的例子——新西兰的一块牌匾愤怒地宣称：这里原本有一棵树龄 40 年的老树，但被官僚机构砍伐，以便腾出地方多停一辆车。

所以，如果你发现了一个牌匾——尤其当它被放在看上去毫不起眼的东西旁边——试试马尔斯的建议吧。

> **活在当下是痛苦的。**
>
> —— 美国诗人玛丽·豪（Marie Houe）

记录本周对现实世界的10次无隐喻观察

诗人玛丽·豪（Marie Howe）要求她的学生每周写下"对现实世界的10次观察"。她的想法听起来相当简单。"告诉我你今天早上看到了什么，两行就行了。""我看到棕色桌布上有一个水杯，光线从三个地方透进来。"她在接受公共广播节目《关于存在》（*On Being*）采访时解释道。"没有隐喻，这是非常困难的。"

事实证明，棘手的部分就是"没有隐喻"。"我们想说'就像这样，就像那样'，我们想转移视线。不知何故，仅仅记录和描述一杯水是不够的。有一种感觉是，为了让我们的观察值得记录，我们必须把它提升到更有意义的形式。抵制隐喻是非常困难的，因为你必须真正地忍受事物本身。"她继续说，"出于某种原因，这令我们很受伤。"

豪告诉她的学生：不要抽象或解释。几周后，学生们就明白了。"这太令人兴奋了。"豪说，"真的，每个人都能感觉到，每个人都会说'哇'。一片苹果，一把刀的闪光，垃圾桶关上的声音，外面的枫树，还有蓝松鸦。这些东西几乎就是叮当作响地走进了房间，这太神奇了。"

她表示，学生们最终绕开了自己的解释需求，然后很简单地找到了一种通过感官与现实世界进行接触的方式——"只是注意到周围有什么"，没有对比，没有参照点，也没有隐喻的捷径。

五到六周后，当学生们都能完成任务，她告诉他们现在可以使用比喻了。"然而，他们却说，'为什么要这样做？为什么要把一件事物比作其他的东西呢？'"豪总结道，"没错，这是一个好问题。"

为共享空间创建自己的规则

标牌通常指示我们不要做什么。"禁止停车""噪声限制区域""动物与滑板禁入"……我们几乎无意识地接受这些规则和指示。

但是想一想,你可以试着把这样的指示当成某种挑战。比方说,如果你有权力,你会创造什么样的限制区域?

"女权服装"(Feminist Apparel)和"阴道部门"(Pussy Division)两个团体组织为了阻止街头性骚扰,曾经设计了一系列"禁止猫叫区"(No Catcall Zone)标牌,并将它们安装在城市的各个街区。他们的风格很好地模仿了官方的城市标牌,足以让人大吃一惊。其中一些标牌只有文字,采用了"禁止停车"标牌的颜色和字体;另一些则将符号(包括一个有趣的猫形图案)融入官方标志牌中长期使用的人物剪影。

留意你经过的空间,寻找视觉指示牌。观察你周围发生的行为,看看在哪些地方来一点(长得像)官方风格的引导可以让世界变得更好。

为世界做注解

瓦兹沃尔斯屋（The Wadsworth House）建于1726年，现在用作行政办公室，是哈佛大学校园里最古老的建筑之一。在过去，这里曾是许多大学校长的居所，他们的名字后来都被刻在外面一座灰色的纪念碑上。

2015年，有人在纪念碑上加了一张粉红色的纸，作为对现实世界的注解。上面写着："这座房子也是蓄奴之所。提图斯、维纳斯、朱巴、辟拉曾在这里为奴。"提图斯（Titus）、维纳斯（Venus）、朱巴（Juba）和辟拉（Bilhah）是几位哈佛校长的奴隶。这是"哈佛与奴隶制"项目的研究成果，该项目是由哈佛大学的一个研讨会衍生出来的，该研讨会致力于探讨被忽视的奴隶制在学校历史中所扮演的角色。

在线出版物《黑暗地图集》（*Atlas Obscura*）当时报道说："关于历史制度作用的争论在全国各地的校园里引起了分歧，给历史遗迹做注解，已经成为学生们评论学校如何选择纪念地的一种方式，而且不会被抹去。密苏里大学和弗吉尼亚州的威廉玛丽学院的学生，都用便利贴贴满了托马斯·杰斐逊（Thomas Jefferson）的雕像，这些便利贴详细记录了他的一些不那么英勇的事迹。"

无论是作为一种抗议的形式，还是一种教育的形式，抑或两者兼而有之，对现实世界的注释为观察世界提供了一个新视角。你已经知道有哪些地标或纪念碑讲述了一个故事——但不是全部的故事？你会添加什么来让别人了解？当你遇到新的地标和纪念物时，你能问些什么问题来找出更多目前可能被隐藏或至少被遗漏的东西呢？

最初的注解被贴在瓦兹沃尔斯纪念碑上还不到一年，哈佛大学就为这座建筑加上了一块永久性的石碑，纪念这四名奴隶，并使注解成为官方故事的一部分。

制作个人铭牌

👁 👁

几年前,我的朋友鲍勃·萨芬(Bob Safian)为《美国律师》(*The American Lawyer*)杂志写了一篇感人的文章,讲的是他的堂兄被谋杀的事。他们的关系就像亲兄弟一样,堂兄的死对他造成了毁灭性的打击。他在到达犯罪现场的那一刻,突然意识到没有什么东西能表明这件事的可怕性。

于是他设想另一种现实,在这种现实中,每一个谋杀场景都被清晰而持久地标记着——也许是用一块铭牌,永久地纪念所发生的事情和死去的人。

我一直忘不了那篇文章。

鲍勃的设想在一项长期开展的"幽灵自行车"运动中得到了回应——将自行车涂成白色,放在十字路口或车祸发生的地方,作为纪念。最近,费城艺术家莉莉·古斯比(Lily Goodspeed)的作品再次让我想起了这个概念。

播客节目《99% 隐形》的博客里一篇帖子解释说,莉莉·古斯比命名为《通向未来的铭牌》项目提供了一个"不寻常的纪念铭牌"。"传统的金属牌匾价格高,而且必须是给具有一定知名度的人而设,并以纪念死者为特征",而古斯比设计了类似传统牌匾的防水贴纸,让人们重新思考传统牌匾的空间局限。"

这些贴纸"铭牌"记录了对个人而言重要的事情和日常小瞬间。

"2017 年 7 月,德里克·B. 走在迪金森大街上。"其中一个铭牌上写着,"他看到一个女人打开车门,反手向这根电线杆抛出一个已被吃了三分之二的热狗（面包里还有番茄酱和泡菜），然后再关上车门。德里克大惑不解。"

另一些铭牌也记录了一些小事件，比如一只哈巴狗在便利店里发狂，或者几位朋友都在公园与恋人分手。

直到今天，对鲍勃文章的记忆都让我对任何一个街角的秘密历史充满好奇。古斯比的项目提供了另一种思考相同概念的方法。当我再去到某个熟悉的地方时，我会想一想它对我个人产生的意义，比如：我拿到工作offer（录取通知）后坐过的公园长椅；我曾与某人珍重道别的雨棚；还有我骑自行车不小心摔断胳膊的那一段乡间小路。

我不需要铭牌来标记这些地方。但当我重访故地的时候，我喜欢停下来想一想，如果要立铭牌的话，我会说些什么。

自然日志

汤姆·韦斯（Tom Weis）是罗德岛设计学院的一名设计师。在一门关于自然系统的课程中，他要求学生每周花一个小时在户外记录观察到的自然现象。他说："就像航海日志一样，我让他们记录天气、潮汐（如果在水面附近）、枝叶、温度等变化。"

把这个想法应用到你家附近某个特定的自然区域。为最近的公园、社区花园或空地写一份自然日志，根据观察地的特点，调整记录项目。检查数据，并向邻里小组报告你的观察结果。

为某地制作1分钟视频

👁 👁 👁 👁

纽约现代艺术博物馆建筑与设计部门的高级策展人保拉·安托内利（Paola Antonelli）是一位极具原创性的思想家，她有着强烈的好奇心和独特的前瞻性视野。当我问她是否可以设计一项能帮助他人更好地集中注意力的练习时，她首先反驳了一个我们耳熟能详的建议，即"放下电子设备"。她说：**"一部手机，可以激发一种痴迷，从而带来新发现和真正的深度学习。"**

安托内利在2011年的《和我聊聊》(*Talk to Me*)节目中提出了一个名为"我的博客纽约"（myblocknyc）的项目。该项目鼓励人们制作关于自己街区的一分钟视频，并将这些视频汇集在一张互动地图上，使人们能够通过当地人的感受来探索这座城市。

为此，安托内利建议："把你的手机想象成一支魔杖，它能帮你发现什么是有趣的、引人注意的，以及值得拍成短视频的。无论你选择在哪里都可以。你的卧室、你祖父的农场、一家点心餐厅、地铁都行。"你可以从一个对象跳到另一个，去构建一种叙事。请决定你想展示什么特别的主题，以及为什么。把视频剪辑成1分钟，足以描述一个地方，以及定义此处的事物。

制作图鉴

图鉴——关于鸟类、植物或自然界中某些元素的参考书和辅助工具——至少从 19 世纪就已经存在了。艺术家和鸟类学家罗杰·托里·彼得森（Roger Tory Peterson）常常被认为是图鉴的创始人。他把为各种鸟类绘制的彩色插图于 20 世纪 30 年代结集出版，这本导游手册已被证明是一部经久不衰的作品。我父母经常随身携带的《彼得森北美鸟类图鉴》（*Peterson Field Guide to Birds of North America*），也是使用"彼得森识别系统"的众多指南之中不断再版的一本。

图鉴的教育精神自此被传承下来，也用来介绍人类世界中方方面面的元素。设计师彼得·道森（Peter Dawson）明确将他的著作《排版图鉴：城市景观中的字体》（*The Field Guide to Typography: Typefaces in the Urban Landscape*）与鸟类观察者所依赖的参考文献进行比较。从某种意义上说，道森的书是对印刷术的概述和介绍。虽然这样的例子有很多，但是它对图鉴的概念化，使其成为有价值的参考，可以帮助刚起步的设计怪才们了解（或学会寻找）他们看到的招牌，以及在世界其他地方遇到的字体风格和名称。

我最喜欢的图鉴类型更细、更特别。由蒂姆·黄（Tim Hwang）和克雷格·坎农（Craig Cannon）出版的《集装箱指南》（*The Container Guide*）饱含精心的研究。英格丽德·伯林顿（Ingrid Burrington）的《纽约网络：城市互联网基础设施图鉴》（*Networks of New York: An Illustrated Field Guide to Urban Internet Infrastructure*）则向读者介绍了那些神秘的人行道标记。这些标记实际上指的是电缆和光纤线路的位置和规格,井盖间的系统连接,以及任何试图"上网看看"的人都感兴趣的著名数据中心和类似设施的物理位置。

可以说,最著名的非传统图鉴,是朱利安·蒙塔古(Julian Montague)2006年的《北美东部的流浪购物车:鉴定图鉴》(*The Stray Shopping Carts of Eastern North America: A Guide to Field Identification*)。它对20种不同种类的"真流浪"购物车和9种"假流浪"购物车进行了细致的分析,并对它们进行了细致区分,比如,仅仅流浪至另一零售停车场的"购物中心推车"不同于"垃圾收集推车"(这种推车又分为两种)。

图鉴的内容既细致具体又包罗万象,概念有趣且实用性很强。在你熟悉的特定环境中,比如所住的街区或办公室,想一想有哪些事物是重复出现的?几乎任何东西都可以。根据你的观察,写一本《街区狗狗图鉴》怎么样?从它们的名字、体型描述、相对友好程度和吠叫方式加以识别、归类。或者写一本《四楼隔间发现的有趣个人物品图鉴》,提出你自己的想法。你是否最后真能出这些书还不是重点,关键是你的整个观察调研过程。

测试自己

●

观察固定的东西,然后把目光移开,记下你所看到的一切。现在回头看看你做得如何。

这个想法来自纽约城市学院的社会学教授威廉·赫姆里奇(William Helmreich)。这让我想起了家具设计师乔治·纳尔逊(George Nelson)曾经问过的一句话:"你能描述一下你家地毯的颜色和图案吗?或者卧室的壁纸?前厅挂的画?这些东西最后一次被观看是什么时候?"

纳尔逊自己尝试了这个游戏。他猜想会在自己的起居室里找到多少张脸(无论是动物的脸还是人的脸,无论是他自己画的、印刷的、拍摄的还是雕刻的):估计大概有十来张吧。然后他就开始在起居室里数脸。结果呢?"我得分很差。"他承认。他以为是十来张,实际上却找到了大约400张脸。

也测试一下你自己吧。

4 与他人建立联系

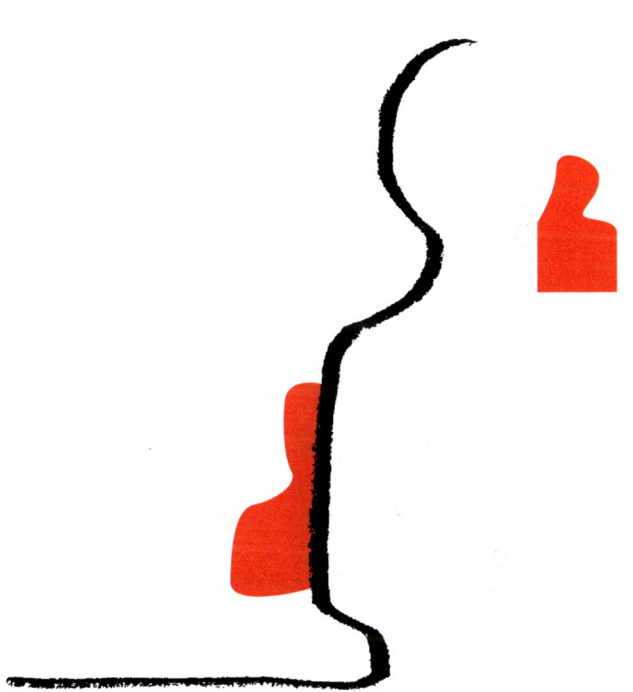

你越安静,

听到的就越多。

——灵修导师拉姆·达斯(Ram Dass)

引导你内心的修士

👁 👁

"沉默就是倾听。"魁北克奥卡修道院的一位修士说。它是北美最古老的特拉普派[1]修道院。

特拉普派修士以坚守"沉默誓"而闻名。修士通过电子邮件与记者交流,以书面形式发表自己的看法。而实际上,奥卡修道院的修士有时确实会互相交谈,但只是在做修道院工作"传达必要信息"的时候。关键不在于不说话,而在于只在必要时说话。

"我们遵循圣本笃的规则。"这位修士解释道,"规则的第一个词是'倾听'。这就是沉默伟大的美德:斟酌我的词句,倾听别人的观点。"

另一位修士补充道:"沉默对所有人都有益吗?**我想说,培养沉默对于做人是必不可少的。**人们有时会说'自己在寻找沉默',就好像是沉默消失了,或者被放错了地方。但它并不是可以被错放的东西。沉默是无际的地平线,就在人们说的每一句话的背景里,人们却说找不到它?不用担心,它会找到我们的。"

想象一下,在日常生活中遵循"沉默誓"的精神。用一天的时间来挑战自己,只说你必须说的话。行为心理学专家——或者任何有过初次约会的人——都普遍观察到了这一点:我们常常把"谈话"当作等待轮到自己发言的游戏。我们错过别人正在说的内容,因为我们正在心里演练下一句话。下一个沉默的小间隙就是表达自己想法的出口,如果你能打消这种想法,会怎样?

---

1. 特拉普派(Trappist),严格遵行圣本笃会规的隐世天主教修道会。

如果明天你被限制,比如,只能说 50 个词,会怎样?我想你会用不同的方式去听。你会很仔细地听每一个字。你会注意到你必须要回应的内容。你可能会发现,你说得越少,听到得越多。

沉默不是结局。

它是一种催化剂,一次机会,

去发现更真实的东西,

无论关于外部世界,

还是你内心的东西。

—— 作家黛安·库克(Diane Cook)

采用"倾斜"法

如果你定不下心,无法在课堂演讲或讨论上集中注意力,就不能吸收历史、数学或文学课上的内容。很多教育工作者都会告诉你,定不下心是人们普遍存在的问题。有些人——包括斯沃斯莫尔心理学教授、《选择的悖论》(*The Paradox of Choice*,中译版2013年由浙江人民出版社出版。)一书的作者巴里·施瓦茨(Barry Schwartz)在内,主张去刻意培养学生的"持续注意力的肌肉"。

一些学校使用的一种特殊方法是遵循"倾斜"(SLANT)策略,由几个动作的英文首字母构成:坐起(首字母"S"),身体前倾(首字母"L"),提问和回答问题(首字母"A"),点头(首字母"N"),追踪说话人(首字母"T")。

这在任何会议或谈话中都可以很容易地做到。

坐起来和身体前倾是不言自明的。提问题既是参与的信号,又能促进更深入的参与。点头表示理解并加强联系。目光追踪说话人意味着看说话的人,这点除了基本的礼貌,也让学生更容易理解他们听到的内容。

正如施瓦茨在《石板》(*Slate*)专栏中所说的那样,教师可以用"倾斜"策略来激励学生以一种能培养"注意力肌"的方式行事。它也为我们所有人提供了一个简便的心理检查表,来强迫我们自己。下一次,当你在一场你认为值得为之付出更多注意力的对话中时,试一下"倾斜"策略。

无私地倾听

🔴

我们都知道被迫倾听是什么感觉,也知道为什么,有时候即使是脾气再好的人,也会受不了。

但有时我们可以、也应当这么做。我遇到的关于实践无私倾听的最佳建议,来自《华尔街日报》关系咨询专栏作家伊丽莎白·伯恩斯坦(Elizabeth Bernstein),她引用了一个读者的话。读者是一位66岁的会计师,他认为"世上最好的礼物,就是真诚地倾听另一个人说话,不要打断、评判,也不要加入你自己的意见"。

那位读者是如何让自己做到的呢?答案是呼吸。

当他倾听时——尤其是当听到的东西让他防备心增强,想要做出反应时,他开始深呼吸。他把这个想法归结为某种海军陆战队的狙击手训练,但实际上这是一种很直接的古老方法,如今得到了现代科学的支持:深呼吸可以抑制皮质醇的产生,皮质醇是肾上腺在人紧张时产生的一种激素。

"呼吸可以让时间停止。"他说。这会提高他的听力,让他进入非言语线索,让他敞开心房。"它给了你空间,也给了对方一个空间。"在一段感情中,这当然是至关重要的。而且它几乎在任何互动中都能派上用场。

如果你真的注意了。

那就根本没必要学习"如何表现你在注意"。

——电台主持人塞莱斯特·赫德利

(Celeste Headlee)

与陌生人交谈

👁 👁

我是一个天生害羞的人,所以在我的几个学生提出这个建议之前,我从来没有想到陌生人能提供注意力的灵感。

作家兼教师基奥·斯塔克(Kio Stark)在她的《每一天的街头冒险:解读现代都市生活各种趣味潜规则》(*When Strangers Meet: How People You Don't Know Can Transform You*,中译本 2016 年由台湾《天下杂志》出版)一书中提出了与陌生人交谈的好例子。她为那些可能不会自然而然接受这类事情的人提供了鼓励性的建议。

不仅仅是我。尤其是在共享的公共空间里,我们大多数人都会观察到社会学家所说的"礼貌性疏忽",默默地同意在一种互不干涉的协议中不打扰彼此。斯塔克提倡去发现一些小的机会来违反这些传统——只去违反一点点。

如果你看到一个看起来可能需要帮助的人,例如,他可能需要指路,请忍住一眼扫过、目光转向别处的冲动,上前去提供帮助。

我的一个学生曾做过这样的事。当一位老妇人随口对他说了一句关于街上乱扔垃圾的事,他参与进来,倾听,回应。那次相遇虽然转瞬即逝,但却给他留下了深刻的印象。

斯塔克建议,当你可以自如地开放接纳这样的瞬间时,不妨自己去创造它们。问一个问题,提出赞美,尝试"对你所居住的共享空间进行随意的观察"。

斯塔克也提出了一些注意事项:不要打扰看起来很匆忙的人,不要把恭维和骚扰混为一谈,不要无礼,等等。

不过,要保持开放的心胸。正如斯塔克建议的那样,重要的是先问个问题,然后保持安静,**给对方机会填充自己的沉默**。这其实是采访者和记者早就知道的一个老把戏——我们都有打破尴尬的本能,但最好忍住,让对方去做。斯塔克写道:"人一旦感觉有人听自己说话,就会打开话匣子。"

话说回来,也许这种联系不一定非得是口头上的。我遇到的最贴心的例子是斯塔克分享的一件关于她学生的逸事——诗意地倡导如何一言不发地与陌生人交流。那位学生在地铁上戴着耳机听着音乐,旁边坐着的一位女士也在做同样的事。斯塔克写道:"他摘下耳机,递给她,她疑惑地看了一会儿,然后也摘下自己的耳机和他交换。几分钟后,两人又换了回来,他们之间一句话也没说。"

寻找陌生人

电台制作人亚伦·亨金（Aaron Henkin）采取了一套非常成体系的方式与陌生人打交道。他的目标是："遇见并采访每一个在巴尔的摩某个城市街区生活或工作的人。"他最后制作了一部声音纪录片，还因为与陌生人交谈，学到了许多经验。

想象一下，采用这种策略，在你住的街区、办公室、周末游泳的地方或别处与每个人相遇并交谈。当然，你无须制作什么纪录片。与这些陌生人（甚至那些你有点熟悉的人）建立联系，就会得到足够的回报。

跟陌生人玩游戏

◉

假设你和我一样害羞,总是难以主动和不认识的人说话,但这并不代表你就得假装其他人不存在。说不定你能在无人察觉的情况下,让陌生人成为你的缪斯女神。

有很多摄影师或其他艺术家记录陌生人的例子。其中我最喜欢艺术家丹尼尔·科伦(Daniel Koren)和瓦尼亚·海曼(Vania Heymann)的作品。科伦注意到,与随行的路人步伐一致让他不自在——直到他开始把这种体验当作一场比赛(只有他自己知道的比赛)。最后,科伦和海曼制作了一个叫作"行走比赛"的搞笑视频,将日常生活中的尴尬时刻转化为令人会心一笑的人际互动。

你的收获,正是对陌生人给予创造性关注的价值。你永远不知道陌生人会怎么做,你有无穷无尽的方式可以与他们互动——即使这种互动只在你的头脑中进行。

让陌生人给你领路

👁 👁 👁 👁

艺术家维托·阿康奇（Vito Acconci）在 1969 年的几个星期内完成了他臭名昭著的作品《追随者》（*Following Piece*）。他每天都会随机挑选一个人，跟随他在纽约逛一圈。阿康奇会一直跟踪，直到他的研究对象（对此完全不知情）进入一个他无法进入的空间——例如，一间住所，或者一辆迅速离开的汽车。这项练习可能会持续几分钟或几个小时，这取决于那个陌生人碰巧做了什么。在一个案例中，阿康奇坐着看完了一部电影，因为他的目标对象去了电影院。

阿康奇并不认为这是在寻求危险或偷窥，他对跟踪对象也没有特别感兴趣。"这只是一种让自己离开作家的办公桌，进入城市的方式。"多年后他说，"**就像我在祈祷人们带我去一个我不知道怎么去的地方。**"

20 世纪 80 年代，艺术家索菲·卡莱（Sophie Calle）也跟踪过陌生人。有一次在派对上有人给她介绍了一个跟踪对象，那人说他很快要去威尼斯旅行了，卡莱决定跟着他去。卡莱抵达威尼斯后，花了几天时间才找到那个人，然后她开始尽可能地跟踪他，直到最终被他发现。这成了她《威尼斯人套房》（*Suite Vénitienne*）一书的主题，那本书关注的是监视和跟踪问题。不过，正如一位评论家所说，她的发现还包含一个基本真理："我们在自己的内部任务中度过每一天，对外界任何人来说都是神秘而不可知的。"

借用这种做法可能需要一些勇气，也可能带来一些风险。但它会是一次真正的冒险，让你看到新的、意想不到的事物。精灵宝可梦（Pokémon Go）这款游戏广受赞誉，因为它鼓励玩家们去探访新的地点——在追逐虚拟猎物时，一些人无意中走到悬崖边上，走进简陋的后巷，甚至会发生交通事故。所以说风险也是存在的。

通过意识形态图灵测试

假设你担心自己对世界的看法过于狭隘,而陷入了所谓的"过滤泡沫[1]"中,以至于你认为对立的观点不仅是错误的,而且是无稽之谈。

光是为此担心,你都值得称赞。据描述,"过滤泡沫"的一个突出症状是:完全否认其他观点中可能会存在的一些被忽视的价值。

泰勒·考恩(Tyler Cowen),一位知名博主以及乔治梅森大学的经济学教授,从高级别政策议题到得克萨斯烧烤,他以在各类问题上都能做出极其自信的评价而令人瞩目。但就连他也承认,他对生活在过滤泡沫中感到担忧,并提出了一些可能的解决方案。

"相较于网络,面对面相处的时候,你比较难讨厌一个人。"他说,"你可以让自己置身于一个少数派的环境中,因此你会本能地感到需要讨好别人。所以,假如你是一个保守派,花点时间和人文学科的学者们在一起。如果你是一个激进派,那就去拜访一个右倾的教会团体。"

考恩可能是正确的,这种面对面的互动是解决过滤泡沫问题最有力的策略。而这也是相当困难的,需要你花费时间和资源。

因此,考恩提出了第二个建议——他戏谑地警告说这个建议大概不太令人愉快,因为它可能恰恰是有效的。他建议人们通过"意识形态的图灵测试"(Ideological Turing test)[他说这个词出自他的

---

1. 过滤泡沫(filter bubble),又译为"个人化信息过滤"。指网站依用户个人搜索习惯而筛选所呈现内容。

同事布莱恩·卡普兰（Bryan Caplan）]。最初的图灵测试，是设计出一个"成功假扮"人类的机器人或电脑人工智能。而意识形态的图灵测试，则是扮演你反对观点的支持人。

"写日记，写博客，或者单独建立一个匿名的推特账户。"他建议说，"通过这些媒介，偶尔写些东西来支持你不同意的观点，尽量让它们听起来有说服力。"他补充道："如果你需要保持内心平衡，可以采取包含双方观点的对话形式；如果你不想公开文章，可以不用放到网上，写完就删掉。不管你怎么做，要花时间，至少每月一次为反对观点提供最佳论据。"

这就是意识形态的图灵测试。你有没有办法对你并不同意的观点的发声，让那些真正支持那个观点的人赞同你所说的话？把你写下的东西交给一些与你观点相左的人，看看对方的反应。

邀请一个爱人、朋友，甚至陌生人

来与你录下一段有意义的访谈。

这可能会成为那些最重要的时刻之一，

在他，和你的生命中。

——电视制作人戴夫·艾赛（Dave Isay）

采访一个朋友、爱人、陌生人，甚至是在思想上与你对立的人

👁 👁 👁

成立于2003年的"访谈亭"（StoryCorps）鼓励大家自行挑选对象，两人一组进行对话，可以是朋友、母子、情侣。这些对话以访谈的形式进行，通常在访谈亭的专设隔间录制，并在国会图书馆的美国民俗中心存档。有些会在国家公共广播电台播出，说不定你也听过一些。有十几万人参加过这项活动。

访谈亭的采访，或者说这个节目的智性建构让人更懂得倾听，因为不听不行。正如创始人戴夫·艾赛（Dave Isay）所坚持的（也正如每个记者都知道的），缔造一场采访的物件，包括麦克风、录音机，甚至仅仅是一个便笺簿和一支笔，它们给了采访者超越日常琐事的许可。

艾赛在做电台记者的过程中了解到，这对被采访者来说往往更为重要。"接受采访这一简单行为对人们来说意义重大。"他后来说，"尤其是那些被告知他们的故事并不重要的人。"当艾赛向一个受访者将他们的谈话记录以书籍形式呈现出来时，那人的反应简直像是在喊："我是存在的！"（事实上，这一事件也是艾赛创立访谈亭的原因之一。）

但是，以访谈的形式交谈真的能带来更理想的对话、更有效的倾听，并加深人与人之间的联系吗？这实际上取决于能否问出好问题，这个说起来要比做起来容易多了。乔治亚州的公共电台主持人

塞莱斯特·赫德利（Celeste Headlee）根据她多年的采访经验，提出了一套规则，用于"更好地谈话"。

问一些开放式的问题，而不是简单的"是"或"否"就可以回答的问题。你要了解基本的"谁""什么""何时""何地""为什么"和"如何"等事实，但更要追问下去，不要流于表面。那件事儿到底是怎么一回事，感觉怎么样？如果在对话中有人告诉你一些你不明白的事，那就直接提出来，不要不懂装懂。

访谈亭已经分门别类地列出了数百个访谈问题。以下是其中的前10个，你可以从这些问题开始，没有特别的顺序：

- 你人生中最重要的人是谁？能跟我讲讲他吗？
- 你人生中最快乐的时刻是何时？最悲伤的呢？
- 你人生中对你影响最大的人是谁？那个人教给了你什么？
- 你人生中对你最友善的那个人是谁？你人生中得到的最重要的教训是什么？
- 你最早的记忆是什么？
- 你最喜欢的一段关于我的记忆是什么？
- 能不能想到一些你的家人讲过的关于你的有趣故事？
- 你可以告诉我一些你生活中的有趣故事、记忆或人物吗？
- 你最引以为豪的是什么？
- 你人生中感到最孤独的时刻是什么时候？

"进行这些对话需要一定的勇气。"艾赛说，"访谈亭鼓励参与者或多或少直言不讳地谈论他们的死亡，我们这样做是因为我们都将死去，而我们希望关于我们的某些东西能够继续存在。这也是为什么访谈亭的采访在电台播出时产生了巨大影响，因为观众听到了真实而纯粹的东西。"

最新的访谈亭计划可能需要更多的勇气来效仿。它的"一小步"项目鼓励持相反政治观点的人进行访谈。这是一个大胆的想法，它强调了"真正的倾听需要真正的努力"，这一点是多么重要。

采访长者

老年学家卡尔·皮勒默（Karl Pillemer）在面临他职业生涯中期的困境时，已经是一位公认的老龄化问题专家，致力于改善"变老"这一人类都要经历的过程。他想拉近他抽象的政策知识与服务对象之间的鸿沟。后来他突然顿悟，写道："为什么不从一项和人类一样古老的活动开始，向你认识的最年长的人请教？年长的人有一样我们其他人没有的东西：他们已经活了大半辈子，走过我们还未走的路。的确，体验了漫长人生的人，在评估什么是有用的、什么是行不通的这种问题上，他们处于最理想的位置。他们给我们目前遇到的问题和选择带来了不同时代的视角。"

皮勒默建议你和另一个"未来的你"谈一谈，也就是活出了你欣赏的人生价值的"专家"，他们做着你向往的工作，过着你渴望的生活，体现出你想成为的自我。皮勒默讲得相当直白："这个人应该是老年人，最好是非常非常老。如果你现在是20岁，就不要找一个40多岁的，而是要找一个80或90多岁的，可以的话，最好是一个百岁老人。"

你认识的最年长的人是谁？

你的邻居里年纪最长的人是谁？

问什么问题他们可能会乐于分享？

你可能要花点功夫，才能找到正确人选。一开始，你可以从你特别想知道或了解的事情提问，不过最好尽量保持足够的开放性，让你们双方都能参与其中。

想问什么都可以:当你面对一个不确定如何解决的困境时,向他人求教是个不错的起点。

你可以从受访者的角度出发,询问他们早年的工作,他们喜欢或不喜欢学校的哪一点,他们的第一次离开家的经历,他们冒过的最大的险等。你甚至还可以问,他们认为过去的哪些技术为世界带来了巨大改变或让他们印象深刻。

看看这些长者还记得什么?他们希望别人问起什么?

找出房间里最奇怪的东西,问一问背后的故事

在一本名为《认真待物》(Taking Things Seriously)的书中,编辑约书亚·格伦(Joshua Glenn)和卡罗尔·海斯(Carol Hayes)要求几十位作家和设计师撰写一些短文,主题是关于一件不寻常的物品。这件物品对他们个人很有意义,而对其他人来说却没有明显的意义。换言之,不是最新潮的奢华符号或最前沿的设计,而是在客厅壁炉架或办公桌上占据着令人瞩目的骄傲位置的古怪小玩意儿。

于是我们了解到,某设计师展示的奇怪的泡沫材料,实际上是格莱美奖的包装。

小说家莉迪亚·米莱(Lydia Millet)保留了一个可笑的塑料狗雕像,令人想不到的是,这个雕像和一场热恋有关。

一个滑稽的巨大奖杯,原来是因错过生日聚会而心虚的男友送来的道歉礼物。

漫画家比尔·格里菲斯(Bill Griffith)留着数十年前在街上捡到的一个空瓶子——这款叫作 Zippy 的鲜为人知的苏打水,启发了他大受欢迎的连载漫画[1]的标题设计。

这里面有一个学问。不管是在某个人的家里、办公室还是公司,判断一下哪一个是你看到的最莫名其妙、最不太可能出现的东西。然后问一问它是怎么来的?背后的故事是什么?很有可能,随之而来的就是一个难忘的故事。

---

1. 指格里菲斯在 20 世纪 70 年代创作的漫画 Zippy the Pinhead。

> 珍惜生活中的萍水相逢。
>
> ——演员、导游蒂莫西·列维奇(Speed Levitch)

将恼人的事诗意化

肯尼斯·戈德史密斯(Kenneth Goldsmith)在他的《无创意写作》(*Uncreative Writing*)一书中宣称:"我最喜欢做的事情之一,就是跟在两个正在交谈的人后面走上几个街区。"

这听起来非常恼人。但是,经常反其道而行之的戈德史密斯(我之前提到过他对杜尚的"次品"概念的想法)从作曲家约翰·凯奇(John Cage)的论点中得到了一个启发:只要你学会聆听音乐,音乐无处不在。"诗歌就在我们身边。"戈德史密斯写道,"包括两个陌生人的低声絮语,有时他们的谈话被红灯打断,使诗歌有了一定的步调和节奏。"

他认为,同样的道理适用于许多在路上和公共空间制造噪声的手机通话者。心理学研究表明,听到有人在对着手机讲话,比听到两个人面对面的交谈更让人分心,部分原因是,手机对话会在听者的大脑里进行"填补空白",使耳中传来的"半对话"内容变得有意义。正如一位研究人员所解释的:"如果你只听到一个人说话,你就会不断地试图把对话放在一个语境中。"

戈德史密斯还认为，别人的聊天同样能转化为某种诗歌。"我喜欢把（他们的闲聊）看作是一种释放。"他写道，"它丰富了新的语境，让你重新想象公共话语，解构对话的叙事性，仿佛整座城市都充满了滔滔不绝的独白者。"

同样的想法也可以应用到视觉上。

戈德史密斯和作家大卫·旺德里奇（David Wondrich）曾经专门寻找并记录了城市景观中的一些小瑕疵——教堂外的一个只剩下半截的装饰物、一栋昂贵建筑物旁边标牌上一颗缺失的螺丝钉、一家知名酒店前面的"错位柱"——然后将他们的发现用诗意的幻灯片呈现，并将其命名为"破碎的纽约"。

想象他人在思考什么

在《无聊与精彩》（*Bored and Brilliant*）一书中，电台主持人马努什·佐莫罗迪（Manoush Zomorodi）观察到，在某种程度上，智能手机对很多人来说是一种简单的逃避手段。她向听众发出了一系列挑战，以促使他们回到现实世界。

最后的挑战之一——"观察其他事物"，敦促读者去一个场所（公园、商场、加油站、咖啡馆）坐一会儿，看一看。"停下来想象一下，某个人正在思考什么。"她建议道。

尽管听起来很简单，做起来却不容易，需要持续进行细致入微的练习。你必须选择你的目标主体，在观察的基础上，考虑他在这个世界上的位置。你必须仅仅基于你所能观察到的，创造一种情绪和心态。你必须想象一个故事的发展弧以及这个人目前在弧线上的位置。

你必须设计一个你永远不知道结局的故事，即使你是讲述它的人。

捐赠时间

也许你觉得时间紧迫,有太多的事情要做,没有机会放松,也无法集中精力或停下来欣赏这个世界。这种个人时间饥荒的感觉并不少见。为了解决这个问题,一组管理学学者提出了一个令人惊讶的补救办法:**送出一些时间**。

研究人员将研究对象分为两组。其中一组人收到了一份礼物——他们被要求花时间在自己身上,在某些情况下,他们会得到意外的时间奖励,即提前离开实验。另一组被要求花同样的时间在别人身上:做饭,写信,帮邻居做点事,在公园里收集垃圾。随后,每个小组的成员都被问及"他们所做的是如何影响他们的时间饥荒感"的。研究人员称,相比起花时间在自己身上的人,那些花时间在别人身上的人感到自己有更多的时间。

为什么会这样?

学者们认为，时间捐赠会增加自我效能感，它被定义为"能完成我们所要做的一切的那种（罕见的）感觉"。从你的个人待办事项清单中划掉一项，可能不会有相同的回报，因为它也会提醒你注意到清单中的其他项目。

但是帮助你的邻居清理车库是一种自成一体的成就——你所做的事情，产生了特定的、切实的影响。

你可以把时间捐给谁？探索一下可能性：哪些人有可能因为哪些事需要你的时间？想一想你认识的人，或其他不熟悉的人。向别人征求意见。考虑一下你想到的那些可能性。关注他们，然后行动。

提出5个问题，给予5个赞美

在为《华尔街日报》撰写的专栏中，哈佛商学院谈判、组织和市场部门的助理教授艾莉森·伍德·布鲁克斯（Alison Wood Brooks）谈到了改善职场对话这一看似微不足道的话题。她提出了一些直截了当的建议，其中之一就是：多提问，多赞美。

文章指出，许多典型的（且容易被遗忘的）办公室聊天都涉及简单的陈述交流，只要加上一两个问题，就可以让谈话变得更加有用和难忘。例如，如果夸你演讲得很好，不要只说谢谢，还可以加上"你认为我有什么可以改进的地方吗"这种问题，你可能会得到一些有用的信息，而且你会让别人觉得你能虚心接受意见。

给予赞美可以改善人际关系，这是显而易见的，但诀窍在于你是如何做的。有的恭维话语会产生言外之意，让人很不愉快，比如"作为一个新人你做得很好"，这种话还不如不说。所以，最好避免使用修饰语，尽量具体一些，比如：你的演讲非常有条理和高效。

这些方法用途很广，远远超越了办公室礼仪或通过闲聊帮助职业发展。它能帮助我们与陌生人、朋友以及介于两者之间的所有人交往。

因此，试着在一周时间里，提出5个问题，并给予5个赞美。这些问题无须浮夸或刻意，只要诚实地表达好奇就可以了。你会发现，这需要对他人和他们所说的话保持警觉的注意力。

夸奖别人也会有同样的效果。当然，这种情况要考虑周全：一个男人恭维一个女人的裙子，不仅不会深入话题，反而会让对方不快或害怕。无论如何，要努力发现那些通常会被忽略的事情（包括举止和行动）。

如果你不确定该不该开口，或者只是极度害羞，也可以选择默默地关注周围值得赞美的东西；这有点儿应付了事，但无伤大雅。而且它仍然有一些回报：看起来更投入的最好方式就是更加地投入。

找点事抱怨

常抱怨会遭到批评。当然,沉湎于消极情绪中是危险的。但承认吧:没有抱怨,就没有进步。诀窍是把消极作为一种手段,而不是目的。LCD音响系统的创始人詹姆斯·墨菲(James Murphy)有句话说得好:

"抱怨的最好方式就是制造新东西。"

他并没有真的这么说,但他曾经表达过一些与之精神相近的东西。与其感叹没有人在创作他想听的音乐,不如自己去创作那种音乐。

以一种非常类似的精神,作家及演讲者塞思·戈丁(Seth Godin),提出用一种积极的消极方式来看待这个世界:问一问什么坏掉了?

他的意思是:你遇到的每一桩事物中,有什么是可以以某种方式变得更好的?他从自己的观察中找出了一些例子:机场排队的出租车,电影院的工作人员不足,布满子弹的反犯罪标志。这一连串的例子表明一个观点:"我们周围的一切有着巨大的潜力——隐藏的潜力——让事物不被打破。"

主观看法很重要。别担心是否有人反驳你所抱怨的。消极是个人性的。"如果我认为它坏了,它就是坏了。"戈丁说,"你也可以这么说!"

所以,找寻当日最丑的建筑(或汽车、或毛衣)、最糟糕的东西、最破的东西,最差的以至于让你生气的东西。不要被那些激怒、刺激或惹恼你的东西所打倒,你可以苦中作乐,获取灵感。

那些让你烦恼的事情可能会让你的一天更开心。

比较记忆

"我真正感兴趣的是记忆。我有一个好记性,但不幸的是,它并没用在有用的事上。"艺术家阿曼达·蒂勒(Amanda Tiller)曾经说。

蒂勒在一系列不同的作品中探索了这个主题,这些作品以编年体的形式记录了她在没有查询谷歌的情况下能够回忆起的事情。作品《电影海报版画》一开头,她先写下记得的电影情节,然后再把文字转化为影像。《基因组图》则是用刺绣表现出《考斯比一家》或《纯真年代》[1]中她记得的所有人物关系。另一部引人注目的作品《我所知道的一切》正如标题所言,她全凭记忆,用文字记录下她看过的一系列的书。

蒂勒说:"通过我的作品,我展示了我的所知,主要来自记忆,并邀请观众'对照笔记'。"对照笔记是关键。回想一下至少 10 年前你的一次旅行,最好是和别人一起的。花一个小时试着回忆你能想起的一切。

不要翻阅照片或日记,只靠回忆。尤其是试着去想起那些奇怪的小瞬间——不仅仅是壮观的大教堂,还有你在酒店大堂瞥见的那个年轻人。专注于在你记忆中萦绕的事情上,不管这些事情多么无关紧要。写下你能回忆起的一切。

和你的旅伴讨论你在那场旅途中的发现,看看有哪些对得上,哪些没有——以及对方回忆起了什么。考虑一下当下体验和事后记忆之间的区别。想想这将如何影响你现在选择记忆的事物。

1.《考斯比一家》(*The Cosby Show*)和《纯真年代》(*The Wonder Years*),美国 20 世纪 80 年代末至 90 年代初的两部家喻户晓的电视剧。

写一封信

> 让我意识到我喜欢书信这种形式的一点是,它是一种谈话——并且永远都有对话的空间。你可以在任何一个美好的早晨坐下来与他人交谈,无论对方是否在那里,你都可以进行对话。你可以谈论任何事情,不必客气地等待对方理清思路。你可以在对话的段落间有很长的时间间隔——你大可以几天过去后再回来写。而与所有其他写作形式的最大区别在于,书信在很大程度上依赖于另一个人。它不是在唱独角戏,而是随着时间的推移,在回应他人,或者互相唱和。我想,"随着时间的推移"就是关键所在。

这是山姆·谢泼德(Sam Shepard)在给他最亲爱的朋友约翰尼·达克(Johnny Dark)的一封信中所说的,由网站 brainpickings.org 创始人玛丽亚·波波娃(Maria Popova)引用。(谢泼德和达克的书信选自威特利夫档案馆的部分馆藏,收录在 2013 年出版的 *Two Prospectors* 一书中)

波波娃是传统书信形式的伟大倡导者。另外,她还在刘易斯·卡罗尔(Lewis Carroll)的《关于书信写作的八九言》(*Eight or Nine Wise Words About Letter-Writing*)中找到了共鸣,卡罗尔的一些守则在数字时代更实用。例如:如果你想对某件恼人的事情做出激烈的回应,那先把你的话放在一旁,搁置一天,然后把这些话当作是写给你的,重读一遍。

> 书信艺术如此独特而强大，
> 绝妙之处便是它的传播力，
> 将收信者送到寄信者的世界，并欢迎
> 一个意识进入另一个意识的感觉体验。
>
> —— 文艺评论家玛丽亚·波波娃

卡罗尔写道："如果你要回复某人严厉批评的信件，你要么不去理睬它，要么让你的话显得不那么严厉；如果他的语气友好，倾向于弥补你们之间出现的一点分歧，那么你的回应就应当显得更加友好。"他还建议："不要试图强辩到底。"

不管你是写给一个老友还是现在的对手，书信都可以成为回报体贴和关怀的媒介。

给你已经失去联系的朋友写信。给你准备和解的敌人写信。把真正的时间和注意力投入到这项事业中去。考虑一下你想说什么，并且要有心理准备：你可能需要尝试两三次才能正确表达出你的意思。

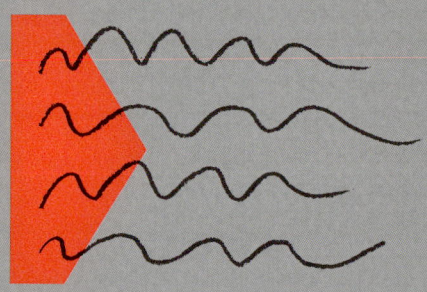

写信给:

    一名英雄

    一个恶棍

    一位情人

    你的父母

写一封信给陌生人

大学毕业不久,在抑郁症的困扰下,汉娜·布伦彻(Hannah Brencher)在文字中找到了慰藉。布伦彻的母亲不喜欢使用电子邮件,布伦彻对她的手写信件非常感激。"我做了当时唯一能想到的事。"她后来回忆起那段艰难的日子时说,"我给陌生人写信,就像我母亲写给我的信一样,我把它们塞满了整座城市,几十封几十封地。我把它们放在每一个我走过的地方,咖啡馆、图书馆、联合国……"

这个奇怪的做法引起了一阵小的轰动。她用来记录这件事的博客很受欢迎,于是她提出要给每个想要一封信的人写信,不管是出于何种缘由。最终,她将这些信件出了一本书,并演变成了一桩新事业——"世界需要更多情书"项目(网址:MoreLoveLetters.com)。在这个项目中,她将写信的请求发送给愿意写信的人,结果便是数百捆"情书"往来于全国各地。

这是一个很有魅力的概念,只要稍加调整,就会激发出一种为他人着想的新方法。花点时间,当你行走于世,想想你遇见的陌生人。你会给谁写信?会说什么?"陌生人"可以包括你经常遇到、却不真正认识的人:某个友好的收银员、一个令人难忘的服务员、一个银行警卫。

其实寄信并不重要。(虽然,当我想起我曾经遇到过的某些陌生人时,还真希望当时我留了告别信给他们。)但写这封信很重要。

在线杂志《锥子》(The Awl)曾经做过一个很棒的偶发系列,叫作"本周的陌生人",写信给一个(很可能)永远不会看到信的人,在短暂的交会中,欣赏并琢磨那个给你留下深刻印象的陌生人。

一个在地铁里拖着标有"克里的记忆"的箱子的陌生人,成了一个艺术性猜测的出发点,关于箱子里的内容以及它们可能讲述的故事。与一个拿着鲜花的男人在人行道上的一次偶遇,引发了一段沉思,关于两性间的闲谈的变化莫测。

留意可能在无意间激发你灵感的陌生人。

与陌生人交谈,

是你做出的美丽而出人意料的中断,

在日常生活的预期叙事中,你改变了视角。

——作家兼教师基奥·斯塔克(Kio Stark)

与朋友"半路"相逢

艺术家克里斯托弗·罗宾斯（Christopher Robbins）是一位自主干预者（auto interventionist），他用这个词来形容"干预自己生活"的做法。他与另一位艺术家道格拉斯·保尔森（Douglas Paulson）的首次会面就是一个很好的例子。罗宾斯写信给保尔森，希望他们能合作。当时，他住在哥本哈根，保尔森在塞尔维亚。保尔森很和蔼可亲，建议他们"在半路"约见。

罗宾斯后来解释："当时我自作聪明地看了看谷歌地球（Google Earth），然后和他说，哦，半路是吗？这里就是准确的中点，你是这个意思吗？然后他说，对，没错，我就是这个意思。"

他们约在了捷克共和国的一个湖边会面，这是他们之间精确的地理中点。

后来，罗宾斯和保尔森将这段经历转化为美国公共广播电视公司数码工作室（PBS Digital Studios）制作的系列节目《艺术任务》（*The Art Assignment*）第一集的练习。罗宾斯和保尔森的任务这样开始：选一个朋友，计算出你们两者坐标之间的准确地理中点。你可以通过网络地图或纸质地图来计算。选好地点后，定好见面的日期和时间。

事实上，"半路"相逢是一个有着重要艺术先例的想法。1988年，玛丽娜·阿布拉莫维奇（Marina Abramović）和乌莱（Ulay）从中国长城的两端出发，最后在中间点诀别，以纪念他们爱情和事业伙伴关系的结束。

1999年，弗朗西斯·阿尔（Francis Alÿs）和合作对象分别抵达威尼斯。各自带着半支低音大号在城里四处游荡，直到最后碰见对方，然后将大号组装起来，吹奏出一个音符。

这些项目迫使参与者以特定的方式处理物理环境，对任意空间赋予意义。正如《艺术任务》的主持人莎拉·尤里斯特·格林（Sarah Urist Green）所观察到的，这也涉及个人关系："**你信任谁，信任到愿意让他掌管你的另一半大号？**"

你可以将这种方式应用在你的生活中。让朋友从很远的地方来相聚可能会特别刺激，但也可以尝试用"中间点"法与当地的朋友商定一个午餐地点。也许那个中间点离某个你从未听说过的餐馆很近，或者离一些陌生的公共场所很近。

而保尔森和罗宾斯的第一次会面，一方自愿携带食物，另一方自愿携带饮料。也许你们可以选择各自步行到达目的地，并分享沿途拍摄的照片。一顿例行的午餐于是变成了一次独特的旅行。这就是自我干预的意义所在。

描述夜空

很少有人对我们的夜空了如指掌。在为《永旺》[1]写的一篇关于我们对天空中星星的认识的文章中,学者吉恩特·蕾西(Gene Tracy)分享了一件简短而可爱的逸事。有一个男人,当他在夜晚到达某地时,习惯给他的妻子打电话,让她知道他在哪里——并描述星星。"她在那一头凝视着天空。"蕾西写道,"就这样,他和她联系在一起,他们通过这个实用的智慧,靠遥远的星星在世界上找到了彼此。"

这可以穿越城市或穿越国家来实现。你需要抬起头来仔细观察,耐心而准确地描述并倾听。不管相隔多远,夜空都能将你们联结起来。

1.《永旺》(*Aeon*),一个创立于伦敦的关于科学、哲学、社会以及艺术的电子杂志。

边走边谈

👁 👁

作家兼企业家莎拉·凯萨琳·派克（Sarah Kathleen Peck）建议："与其提议喝咖啡或午餐会，不如提议一个散步会。"为此，她经过深思熟虑，制定了一套方案。这项散步会议计划持续 2.5 个小时，前 30 分钟用来集合和相互介绍，后一个半小时用来散步。

"注意谈话和走路的自然节奏：人们往往会走 20 分钟，然后停一会儿，谈话也是如此。让这一切自然发生。"她在自己的网站 sarahkpeck.com 上写道。人多的群体一般会散开来，不同人以不同的速度移动。如果路线复杂，请提供地图；如果不复杂，请商定一个终点。"在我的十二人小组中，人们分成两人一组或三至四人一组来讨论想法。让人们像手风琴一样展开，然后随着时间和空间合拢。"

派克常常用最后半个小时的时间来重新集合，让大家回顾或者提问。她建议每月都举办一次散步会议，同时收集反馈建议，让这项活动开展下去。

散步时，可以关注周围环境（噪声、景象、身体感觉），也可以事先商定好主题，或者完全没有主题。作为替代惯常的咖啡或饮料聊天，即使和一个朋友做一次这样的活动，也有很大的吸引力——这是将对话与运动结合起来的一种新方式。

构建集体传记

克鲁斯·罗森塔尔(Krouse Rosenthal)在她的《教科书艾米·克鲁斯·罗森塔尔》(*Textbook Amy Krouse Rosenthal*)一书中,提出了她所谓的"简短的集体传记实验",由她与艺术家伦卡·克莱顿(Lenka Clayton)合作设计。

首先,召集一群人,也许是在晚餐的时候。这个群体的具体性质其实并不重要——朋友、同事、熟人,或者这些类别的某种组合。"通过交谈,"克鲁斯·罗森塔尔写道,"努力寻找一系列对每个成员都同样真实的自传性陈述。"抛出问题:我们都是美国人吗?我们都喜欢法兰绒吗?这可能会持续30分钟,或者几个小时。"你会知道何时该结束了。"

在那个时刻,总结你们的陈述,称之为你们"简短的集体传记"。

我觉得这是一种很好的了解他人的方式,不管对方是你熟悉的人还是陌生人。这项活动应该成为一种风尚。

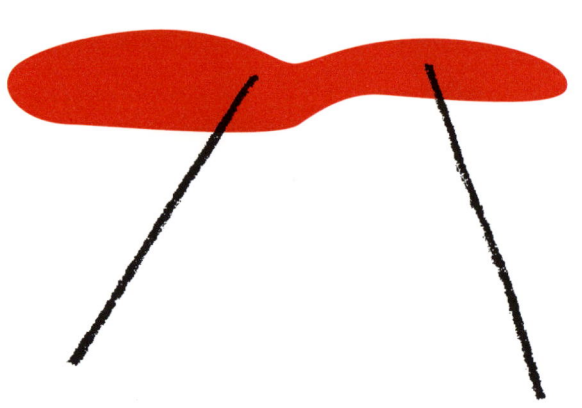

沉默同行

触手可及的设计[1]的创始人罗伯·福布斯写道:"我的一个朋友带领团队进行数小时的自然徒步旅行,活动的关键点是不能说话。只有在徒步旅行结束时,他们才能讨论刚才的经历。因为他认为,沉默让感官去接管我们,这样我们才可以更准确地嗅、看、听。这个练习的目的是让大脑对你当下的周遭保持警觉。"

关注的责任,被悄悄推回到每个人身上。你不能依赖导游去指出重要的细节,也不能指望你的同伴去捕捉有趣的景点,你也不想成为那个在事后讨论中,错过了所有酷炫事物的人。事实上,你想成为那个有独特发现的人。

也许加上一个完全没必要的竞争机制,会让你觉得破坏了旅行的气氛。但这样的竞争也可以很有趣,比如将其游戏化的元素放大:在徒步后的讨论中,请最佳观察者喝一杯免费饮料?

---

1. 创立于 1998 年的美国家居产品设计公司。

5 独 处

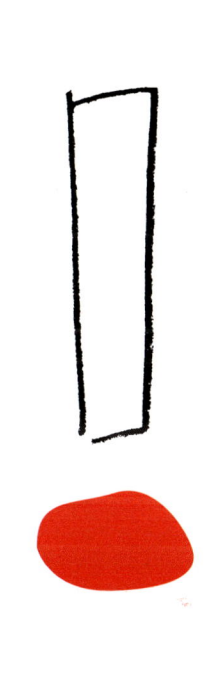

> 我们对每一件事都没有投入足够的注意力，
> 于是我们牺牲了注意力的质量。
> 当我们用心时，注意力的那些浮光掠影转瞬消失，
> 就好像它们是自愿的。

—— 作家玛丽亚·科尼科娃（Maria Konnikova）

一次只做一件事

我在得克萨斯州的一个农村长大，在那里我最不喜欢的家务活就是修剪我们那片树木稀疏的大草坪，尤其是在夏天。我讨厌它，并发誓要过一种没有草坪的生活。今天的我最庆幸的就是家里不需要有割草机。

由于我对除草这件事如此深恶痛绝，所以当我读到杰森·科特克（Jason Kottke）在博客里写的一段话时，觉得很不可思议。他说修剪草坪让他极度满足，让所有的草都变成同一高度，用新修剪的草以同心矩形包围剩余的未修剪的草坪可以让他达到一种"愉悦的眩晕"和"心神平静"的感觉。他还称赞了购物时将食物装袋的美妙之处："把各种形状、大小、重量、易碎程度、温度等不同的产品迅速装进尽可能少的袋子里……是很愉快的，让我想起了俄罗斯方块。"

这听起来很匪夷所思,但实际上他说的就是"独任务"(unitasking)或"单任务"的概念(monotasking)——刻意一次只做一件事,对付不断被炒作的"多任务"(multitasking)概念。或者,正如一位作家所说:"这是一个21世纪的术语,但其实就是你高中语文老师常说的'专心一点'。"

独任务可以让你全神贯注于一次谈话或一本小说中,但当它被应用于一个根本没有内在吸引力的事物时,才是最有吸引力的。

一边叠衣服一边看美剧,或者一边擦洗水槽一边听音乐,这都没有错。但是游戏设计师兼哲学家伊恩·博格斯特(我在前文中引用了他把去郊区大商场变成一场游戏的想法)提出了一个建议,让你把所有的注意力都集中在打扫卫生、叠衣服等琐事上,而不是同时用娱乐来分散你的注意力。他以修剪草坪举例。

"这是我喜欢的一个例子,因为没有人会凭直觉认为它是件有趣的事。"他对一位采访者说,"但当你这么做时,你会发现一些你以前没发现的东西……就好像,**你越是沉浸在熟悉的事物中,乐趣越多。新鲜感减少反而能产生更多的满足感。**"

在博格斯特看来,这里的关键在于,认识到你可能发现的东西并非来自你自己,而是来自你愿意敞开胸怀面对你正在做的那一件事。"它的意义不是你自己想出来的,"博格斯特说,"而是世界给予你的。一旦你上道了,乐于在洗衣和洗碗中找到令人愉悦的乐趣时,就意味着你能够在万事万物中找到快乐。"

所以,去剪草坪吧。

在公共场合独处

👁 👁 👁

对一些人来说，独自吃饭的感觉就像 1984 年的电影《单身传奇》中的场景，史蒂夫·马丁（Steve Martin）扮演的角色要了一张单人桌。一盏巨大的聚光灯被点亮，现场的顾客都安静下来，默默看着马丁一路穿过拥挤的餐厅，来到他的单人桌旁。

教育家安德鲁·雷纳（Andrew Reiner）在《纽约时报》的一篇文章中提到，为了让学生们克服恐惧，他布置了一项特别艰巨的任务。"在拥挤的大学食堂里吃饭，不能带作业、笔记本电脑或智能手机，也不能带朋友。"你可以试试这么做，大有好处。

雷纳的教学主题是亲密关系、联结和脆弱性，这在社交网络时代显得特别重要。许多学生对这项作业感到不安，觉得被别人注视和评判。

但一项有趣的研究挑战了我们对独处和被评判的潜在恐惧。研究人员拦截一些大学生，并催促他们快速参观一个美术馆，或独自参观，或和一群人一起。实验要求被试者事先预测自己将何种程度地享受这段体验。那些不得不独自参观的人的回答显然更加悲观。

其实大可不必。根据《纽约客》杂志在"我们的科学"（Science of Us）网站上发表的一篇文章，研究人员发现："独行侠和组队者在参观结束后对体验的评价没有统计学上的显著差异。每个人都体验到了同样的乐趣。"

独处不是一种惩罚，而是一个机会——不受他人期待，不受手机影响，完全自由存在的机会。

穷游某地

法国作家乔治·佩雷克（Georges Perec），以其 1978 年出版的小说《人生手册》(*Life, A User's Manual*。原著为法语，本文中为原著英译名。中译本由安徽文艺出版社于 1999 年首次出版。) 闻名于世，他创造了"次平凡"一词，用来描述与"非凡的"事件、物品、交谈相反的，那些支配我们精神生活的事物。

佩雷克对次平凡的痴迷，部分是意识形态的——因为它批判了当时的媒体。他在 1973 年写道："(媒体)对我们说的，似乎总是大事、不幸的事、不同寻常的事，比如那些头版重磅消息、横幅标题要闻。"由此，可以想象佩雷克会如何看待 21 世纪随时随地播报的新闻。

"除了日常，日报什么都谈。"他抱怨说，"每天到底在发生什么，我们正在经历什么，其余的、剩下的一切，都在哪里？"这便是他关注的更深层次的问题：那其他的一切呢？

为了尝试给予次平凡应有的注意，佩雷克做出的最大胆的尝试是一本 1975 年出版的小巧可爱的书，叫《巴黎某地的穷游尝试》(*An Attempt at Exhausting a Place in Paris*)。为了写这本书，他在巴黎某个特定的广场驻足了三天：无视广场周围壮观的建筑，只记录进入他视野的一切——邮政车、孩子、狗拿着报纸的女人、毛衣上有个大大字母 A 的男人——这些人和事物成了每日的诗篇。

我经常在我最不喜欢的地方——机场思考佩雷克的作品。如果我被困在一条长长的等待安检的队伍里，我就会试着上他的道，把我周围的细节和荒谬景象在脑子里编出一个目录。(比如说,看到那个T恤上印着"老派"二字的家伙,我会反复思考,而不是视而不见。)这有助于打发时间。

记笔记会使人的注意力更加集中。我希望一些聪明而勤奋的观察者也能学学佩雷克,只不过是换在现代机场的背景下。我在亚特兰大花了很多时间等待延误的航班,我想不出比《哈茨菲尔德·杰克逊国际机场的穷游尝试》(*An Attempt to Exhaust Hartsfield-Jackson International Airport*)更大胆的文学实验了。

为日常镜头编造叙事

👁 👁 👁

约翰·史密斯（John Smith）1976年拍摄的黑白短片《嚼口香糖的女孩》(*The Girl Chewing Gum*)描绘了伦敦哈克尼的一家电影院附近一个并不特别起眼的角落。一辆拖车占据了画面。旁白命令道："慢慢把拖车移到左边，我要那个小女孩跑过去，就现在。"

拖车慢慢向左移动，小女孩飞快地跑过。在听起来很真实的噪声环境中，那个声音仿佛指挥似的一直在说："对，现在我要那个戴眼镜的白发老人过马路。快点，快！""把烟放进嘴里。很好。"人影在屏幕上移动，似乎在做这个声音所指示的事情。

我花了大约30秒才意识到，旁白是在镜头拍摄完成之后设计添加的，让你误以为实际上完全随机的行为是遵照导演指令的结果。最终，旁白向超越现实的方向发展，开始解释某些路人的去向，或描述他们内心的想法。讲话者开始描述几千米外的田野，他说自己其实正站在那里；最后他沉默了，电影镜头切到一片田野。

《嚼口香糖的女孩》非常了不起，并因其颠覆性地批判了技巧手段作为一种媒介附加于电影而得到认可。你甚至可以在YouTube上找到向它致敬的作品，在庸常的镜头上加入设计过的旁白。

这部电影也因展现了深思熟虑的观察与揣摩令人印象深刻。史密斯仔细研究过这段录像，剖析了动作和行为的微小细节，以便追溯性地构建出那些"指令"。这一点可能（前方剧透警告！）在他呼叫嚼着口香糖的女孩出场时最清楚。一个年轻的女人迅速地大步走过，怎么看都像经过训练的：当她朝镜头方向看去时，会尽可能明

> 我们该如何看待、质疑、描述每天都在发生的、重复的事情:那些平庸、琐碎、显而易见、普通、平凡、次平凡的日常,还有背景噪声和许许多多的习以为常?
>
> ——作家乔治·佩雷克(Georges Perec)

显地咀嚼。她似乎很有戏剧性,让你很难不笑出声来。

试想一下,如果乔治·佩雷克当年记录巴黎广场的日常活动时,用的是摄像机,而不是笔记本会怎么样。其实这两个人的动机是相似的,但史密斯主要是通过细致入微的关注,有选择地赋予事物诗性,让我觉得是一种真正的壮举。

你可以就用你的智能手机,在公共空间拍摄几分钟的活动。然后仔细查看它,并撰写一段叙述来指导人物和镜头的移动。请留意,那些你在拍视频时错过的细节是如何随着重复观看而开始显现出来的。

命名吧

"在我知道了什么是壑道后,我就看到了更多的壑道。"《美食舱》[1]播客的作者和主持人尼古拉·特莱利(Nicola Twilley)说:"在我知道树冠羞避指的是什么时,我见到了很多树冠羞避。"

我不得不查一下这些词条,才知道特莱利在说什么。"壑道"(Holloway)是指一段明显低于路面的道路。"树冠羞避"(Crown shyness)描述了某种完全发育的树木避免相互接触,而在树冠间空出明显的缝隙。

特莱利的观点是:一旦知道一个东西叫什么后,你就更容易注意到那样东西。科学自然作家费里斯·贾伯(Ferris Jabr)曾说:"生物的名字不仅仅是一种身份,也是一个密码。你很难对刚刚注意到的棕色小鸟进行研究或学习,而一旦你知道它是家雀,你就会有不少发现。"

一开始,你可以对专业人士抛出的陌生词汇保持警觉。我就是以这种方式学会了"路桩"(Bollard)、"柱基"(Plinth)和"心选之路"(Desire path)这三个词,认识它们后,我发现它们随处可见。不要因为那些词汇对你毫无意义就让它们溜走,要抓住它们,尽量弄明白。

---

1. 原文为 Gastropod,本意为腹足纲,例如蜗牛、蛞蝓等软体动物,多为杂食性。根据该播客官网介绍,Gastropod 是美食 gastro-nomy 和播客 pod-casting 两个词的合成,podcast 又是由音乐播放器 'iPod' 和广播 'broad-cast' 构成。因而此处译为"美食舱"。

你也可以向朋友或同事问一些简单的问题。如果你和一个自然爱好者一起出去玩,你可以问他一些与动植物相关的知识——从花到草,任何吸引你眼球的东西。找一位建筑师来给你介绍房屋或建筑物的专有名词。人们喜欢分享这类知识。你看起来越是有兴趣,他们就越兴致勃勃。多多请教他们。

或者,尝试相反的方法。上网或买一本书,例如,关于建筑术语的,然后开始在现实世界中发现它们——可以一周选一个。最后,留意那些可能已经有名字,但你完全不知道叫什么的事物,把这当作一项个人挑战。

列个清单

◉

在 2015 年出版的一本名为《我们所触碰的一切》(*Everything We Touch*，中译本于 2016 年由北京联合出版公司出版。) 的书中，驻于伦敦的设计师、研究者保拉·祖科蒂 (Paula Zuccotti) 要求被试者——不同年龄、不同职业、不同国家的人——记录下他们在 24 小时内接触过的每一件物品。随后，她拍摄了每个人的物品陈列。《卫报》后来写道："这些物品讲述了那些接触它们的人令人惊讶的私密故事。"

《我们所触碰的一切》的核心是一系列的清单。而编制清单——任何清单——是将注意力集中在我们习惯忽略的事物上的简单方法。

比如当你被困在等候厅，无聊透顶。与其发脾气或求助于脸书，不如列一个清单。关注你周围的每一件物体，想想为什么它们会在那里。

这个简单的程序，其实是许多大大小小创意事业的起点。艺术家兼教育家凯特·宾格曼-伯特 (Kate Bingaman-Burt) 让她的学生列出并画下各自的个人清单：他们携带的每一件东西，或者他们拥有却想要摆脱的每一件东西。

利用以上的提示，来创建你自己的清单。一份清单，可以揭示关于空间的一些东西，也可以揭示关于你的一些东西。

清点你没买的东西

想象一下,一个博物馆,里面陈列着一切你想要却没有得到的东西。它会对你有什么启示?你能从一切你曾经——即使只是短暂地——渴望过却从未拥有的东西中学到什么?

设计师兼企业家蒂娜·罗思·艾森伯格(Tina Roth Eisenberg)经营着一个广受欢迎的博客 swissmiss,她曾与读者分享了一张图片,是她制作的"我没买过的东西"清单。其中包括像 Amazon Echo[1] 这样的高端商品,以及更多像特调拿铁这样的日常消耗品,根据清单上的统计,她在 13 个不同的场合都没有购买。

艾森伯格引用了整理专家近藤麻理惠(Marie Kondo)的建议——实际上是一种先发制人的整理。我想可以称之为"预整理",它的引人之处在于:把扔掉杂物的概念,提升到干脆不要拥有。

艾森伯格找到了有趣的领域去探索。"在刺激和反应之间有一个空间。"奥地利精神病学及神经学家维克多·弗兰克尔(Viktor Frankl)写道,"在那个空间里,我们有选择如何反应的权利。"

那个空间里有什么?是什么填满了我们只是暂时想要,而从未真正拥有的那个界域?

---

1. 一款类似天猫精灵的音乐播放器和智能语音助手。

列一个非实质性清单

👁 👁 👁

在职业生涯相对早期的阶段，艺术家兼插画家布赖恩·雷亚（Brian Rea）就开始有意识地列出他所担心的事情，接着也开始询问别人所担心的事情。后来他受邀为巴塞罗那的群展创作一幅壁画。

根据"（他）和其他人所担心的事务清单"，他创作了"一幅巨大的、手写的恐惧壁画"——正如设计师兼作家黛比·米尔曼（Debbie Millman）后来所描述的那样。

雷亚后来反思道，在某种程度上，这幅9米宽、4.5米高的作品，其功能就像一幅不朽的信息图表。既是当时政治气候的快照，也是他理解自己的担忧如何与他人的担忧紧密相连的一种手段。

从那时起，雷亚继续保持列出不寻常的清单：晚宴上令人难忘的时刻，他在洛杉矶看到的名人，他在斯德哥尔摩时去过的酒吧。这些清单是一种个人癖好的、非物质性的清单。

它们是非正式的、原创的时间胶囊。

列出你自己的清单吧。

做一份详尽到令人发指的清单

👁 👁 👁 👁

我对所谓的量化自我运动一直很着迷。同时也对它抱有一丝怀疑。

量化自我的概念通常涉及使用技术来跟踪和量化一个人的存在（从一个人如何移动、吃什么，到一天中所有微不足道的行为），并分析由此得出的数据，大概目的是着眼于自我完善。

也许这像是一种毫无趣味或愚蠢的活法。也许确实如此。

然而，我仍然对那些认为它富有成效或令人满意的人感兴趣，我偶尔会关注量化自我的新闻。就是这样，我认识了一个叫马特·曼哈顿（Matt Manhattan）的人。

曼哈顿是一个量化自我的狂热拥趸。根据 quantifiedself.com 网站上的记录，他清点自己拥有的每一件物品：衬衫、冰激凌桶、纸巾、所有你能想到的。这么做有什么用呢？好吧，这种实践改变了他对所拥有东西的想法，并且，最终顺带着为他节省了一大笔钱。他说自己已经变成一个更加深思熟虑的消费者，因为他能够捕捉和反思那些其他人没有注意到的赤裸裸的细节。

他的量化流程是：在一个 Excel 电子表格中，列出他拥有的每件衣服，以及价格、购买日期、品牌、颜色之类的数据。这使他能够生成各种图表，可以一目了然地看出，他拥有 11 件 T 恤衫，平均每件售价 21.95 美元。一张饼图显示，他的衣橱没有他想象的那么鲜艳。更令人难以置信的是，他还拍下了他所拥有的每一件衣服——相当漂亮，在统一的白色背景上——然后写了一篇洋洋洒洒的衣柜概论。

作为一种实践,它很荒谬。但作为一项荒谬的练习,它就很崇高了。

所以请继续吧。选一个类型:衣服、厨具、卧室里的所有东西,随便什么——然后新建一份详尽的清单。

记录你的洞察力。判断这些观察是否表明你应该对自己的行为做出改变。监督自己是做出了改变,还是忽视了这些数据。

列这样的清单：

你碰到的东西

你没买的东西

你担心的事情

难忘的时刻

你所有的财产

问：何以至此？

👁 👁

在这个人造世界里，作家保罗·卢卡斯（Paul Lukas）喜欢去发现我们其他人错过的有趣细节，在这方面他有一种非凡的技巧，他称之为"不起眼的消费"。他告诉我，质疑眼前的事物很管用。不必想太多，只需问一个基本的问题：它是如何变成那个样子的？

他说："我们常常想当然地认为，物质世界，特别是建筑环境，就是凭空出现的。而事实上，大到摩天大楼，小到摩天大楼里办公室的门把手，都有它背后的故事。"

我猜，我们把许多人造物看得比自然物更加理所当然。想想看，比如说停车让行标志。它就像云朵一样被我们熟知。当你看云的时候，你或许知道，或者至少有一种直觉，云朵的形状、密度以及或白或深的颜色背后都有某种科学的解释。你或许不知道，甚至不在

> 我们认为某些事物是理所当然的，
> 因为我们习惯于如此看待它们……
> 一旦你开始追问它们背后的故事，
> 你就会注意到越来越多的东西，
> 每一件都有它自己的故事。

——作家保罗·卢卡斯

乎每一片云是如何成为那个样子的，但你知道这是某种作用的结果，并且你知道你可以去了解那些细节。

奇怪的是，停车让行标志的八角形看起来更像是一种天经地义的东西；我们可能更加惊讶于云朵的形状，或者至少会揣测一下。

而停车让行标志当然也有其背后的故事。你知道路标的设计是通过标志的边数来表示驾驶员需要注意的危险程度吗？八条边的停车让行标志，好像是第二高的级别？（用于标记铁路交叉口的圆形标志，即无尽边数，是最高级别。）

找一件你一直都认为是理所当然的事物，想想看，它是如何变成那个样子的。**找出背后的故事**。第二天再找一件。

阅读标签

标签,也就是我们在批量生产的T恤衫颈部内侧发现的那种,是会讲故事的。它披露了衣服的基本材料成分,例如棉花的百分比,声明其在某地制造。而我们几乎不会注意到这些细节。

加拿大公平贸易网络(Canadian Fair Trade Network)曾利用服装标签的无害性,发起过一场富有挑衅意味的广告活动,以强调为什么我们应该更加关注我们所购买的制造品的采购地点和制造方式。在一系列的图片中,它展示了带有详细标签的衣服,其中一些标签超过一米长,上面挤满了文字。例如:

> 100%纯棉。由9岁的贝尼在柬埔寨制造。他每天早上5点起床去他工作的制衣厂。他来的时候天是黑的,走的时候天还是黑的。他穿得很薄,因为他工作的房间温度有30摄氏度。房

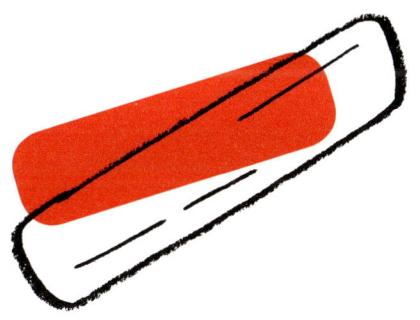

间里的灰尘填满了他的鼻子和嘴巴。慢慢度过令人窒息的一天，他能挣到将近 1 美元。一个口罩要花费公司 10 美分。这个标签并不能说明全部情况。

大概贝尼的故事同时混合了数个常见的工作条件，但仍然令人震撼，并让你以不同的方式理解服装标签。

当然，我们无法真正了解一件衣服的故事，也不是柬埔寨（或任何地方）制造的所有东西都是人类苦难的产物。但下次你在穿衣服或整理自己的衣柜时，可以读一读标签。

仔细研究标签提供的任何信息。

想想哪些信息是你没得到的，想象一下，为什么标签不提供那些信息，以及你可能遗漏了的故事。

制作一份个人地图

在一个名为"你在何处"的项目中,组织者要求 16 位作家或艺术家制作地图——一种非常特殊的地图。

摄影师兼作家瓦莱丽亚·路易塞利(Valeria Luiselli)的《哈莱姆区的秋千》,记录了一个特定地理区域的特定游乐场设备。

丹尼斯·伍德(Denis Wood)以其对地图学的原创性思考而闻名,他亲手绘制了一幅地图作为回忆录〔题为《纸路帝国》(The Paper Route Empire)〕,以捕捉存在于他童年记忆中的克利夫兰。

小说家亚当·瑟威尔(Adam Thirlwell)绘制了《我几乎要去但并没去成的地方》地图。作家兼艺术家莱恩·夏普顿(Leanne Shapton)绘制了《桌景》,描绘了不同时刻她桌子上陈放的物体。

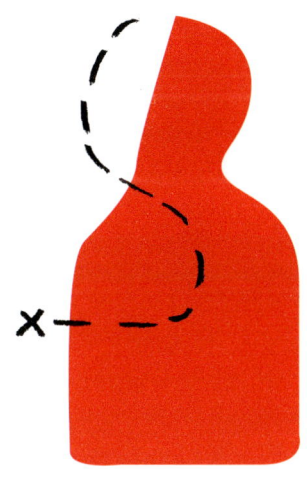

这些项目很吸引人，因为它们描绘了艺术家的个人地图。设计它们需要创造力和很强的观察力。

那么，想想你可能知道或想要知道的各种领域。用纸、笔和智能手机镜头，或者任何你喜欢的媒介，制作你自己的个人地图。

- 根据你宠物狗的喜好，绘制你家中的景点地图。
- 绘制你通勤路上最无聊的事物地图。
- 绘制你邻里的声音地图。
- 绘制办公室的纹理地图。
- 绘制你在城里最爱吃的东西地图。
- 在你附近的杂货店，标出缺货产品的空货架位置地图。

坚持做下去。

保留每周清单

👁 👁

"权威主义专家建议,把身边发生微妙变化的事情列一个清单,这样你就会记住。"在艾米·西斯金德(Amy Siskind)的 Medium.com 网站(一个基于主题的写作平台)账号上,经常可以读到这样的标题。"她是一位留意政治气候的左倾活动家,创建了一个名为 weeklylist.org 的网站,专门记录她所见的美国习以为常的政府规范变化。"《华盛顿邮报》的专栏作家玛格丽特·沙利文(Margaret Sullivan)评论道。

你有可能支持西斯金德的政治观点,也有可能对它怀有敌意。把你的政治喜好先放一边。因为,每周列出"你周围微妙变化的事情",是需要投入一些观察的。这可以是追踪一个街区、城镇、一段关系甚至你的生活的一种方法。

威斯康星州的艺术家兼纪录片制作人费思·莱文(Faythe Levine)建议:"无论何时,持续地列出那些让你感兴趣的人、地点、事物等,每当你需要灵感或素材时,可以回头去看看它们。"

在西斯金德开始记录后,不到一年的时间,她便对一位采访者说:"了解我们已经习惯的东西真的很有启发性(好吧,她其实用了吓人这个词)。"

大多数的变化是渐进的,但可以肯定的是,这一周里你的街区、办公室、情感生活一定发生了一些变化。那变化是什么?

记下来,重新审视你的发现,注意趋势。记下被你忘记的,记下被你接受并视为正常的。

享受宿醉

饮酒过量是个坏主意,我在这里并不是要赞同它。然而,你们中的一些人无论如何都会这么做,也许部分原因就是为了体验酒精对感知的奇怪影响——抑制某些感觉,同时增强另一些感觉。这真的不关我的事。不过,我会给你一条令人惊讶的建议,来自我的朋友乔希·格伦(Josh Glenn):"辗转反侧后的第二天早晨,不要试图抑制你的宿醉,因为这不是问题,而是一个机会。"

"那么宿醉有什么好处呢?"格伦写道,"人宿醉时会对平时不注意的景象、声音(一切似乎都太吵了!)、味道、气味和质感都有异常的意识。这是件好事,不是坏事。比如说,宿醉的双眼,由于它们既没有被我们日常偏见的盲目性所阻碍,也没有被醉酒时的幻觉所欺骗,于是它们被看似普通的物体所吸引,这些物体呈现出不可思议的、熠熠生辉的意义——经历过宿醉的人,都清楚我的意思。"

格伦把宿醉状态比作涅槃或蒙恩的状态。

无论你是否把他的想法当真——我当然不建议只为获得宿醉而酗酒狂欢。但是,如果你发现自己正处于这种状态,你应当完全沉浸其中,而不是挣扎着寻找一条摆脱它的捷径。相反,你可以拥抱这种状态,把它作为一种从非同寻常重新回归平凡无奇的方式,作为一种感知的中间状态。在这种状态下,人们可以在短时间内以一种不寻常的方式看到寻常。

如果你不喜欢这种不寻常的方式,那么下次开始喝酒的时候,或许你会记得这件事。

当你早上醒来的时候，我想你的感觉不是很好。

你的脑子里全是"杂草"。

但是如果你能不再努力克服这些杂草，

它们也能丰富你的启蒙之路。

—— 僧侣铃木俊隆（Shunryu Suzuki）

洗个正念的澡

作家利比·科普兰（Libby Copeland）曾经觉得淋浴很恐怖。为什么这么说？因为淋浴时她必须独自面对自己的万千思绪，她想要分散这些注意力。于是她尝试了"走心的沐浴"。别笑。科普兰描述了一个简单的方法，来关注当下的体验："我试着每次只去关注一件事，不管是热水刚打到身上起的鸡皮疙瘩，还是仍会冒出的思绪所带来的假性紧迫感。"她在《史密森尼》（*The Smithsonian*）杂志里写道："它们要求我紧紧追随，但它们几乎都是无法解开的谜团。"

突然间，一次例行的淋浴似乎具有了潜在的诗意。正念和冥想练习，包括长时间的坐立、思考、呼吸，可能会让人感到恐惧。与此同时，淋浴则是毫无悬念的常规行为。

下次当你独处一隅洗澡的时候，试着只专注于一件事。

研究一块石头

正念可能是一个令人困惑的概念——这个术语似乎足够模糊，以至于你想怎样定义它都不为过。但无须对此望而生畏，因为孩子都做得到。

事实上，《纽约时报》发表过一个关于"儿童正念"的长篇互动栏目，将正念定义为"一种简单的技术，强调以接纳而不评断的方式关注当下"。

有一项正念练习，是由导师兼作家安娜卡·哈里斯（Annaka Harris）的一段音频作为指引，时长5分钟，需要准备一小块石头。练习由哈里斯舒缓的声音开启："我们将会注意到，非常近距离地观察事物是怎样一种感觉，注意当下看到的所有细节，就在此时此刻。"

（或许这听起来很荒谬。但请抛开"我不是小孩子"的情绪，至少考虑一下此处想要传达的精神。）

坐在地板上，双腿交叉。哈里斯继续说："把你的聚焦之石放在面前。双手放在膝盖上，坐直，保持放松。感受你的脚和腿在地板上放松，感受双手触碰到双腿。闭上眼睛，集中精力，呼吸半分钟。"

哈里斯说："这一刻，在以前从未存在过。每一次的呼吸都不同于上次，每一刻都是新的。再花几秒钟来思考一下这点，然后深呼吸。"

"现在睁开双眼，来看看你的聚焦之石。它看起来像什么？"哈里斯问,"你看到斑点或者线条了吗?注意它的形状、轮廓、颜色(或许不止一种)。仔细观察,注意新的发现。你所注意到的甚至会随着你的观察而改变。至少观察 1 分钟。然后放松你的身体。保持沉默。再来 30 秒。"

"你以前可能从来没有这么仔细地观察过一块石头,对吧?"哈里斯总结道,"呼吸,然后伸展。找个时间再试一次,可以观察一片叶子、一个贝壳,或者另一块石头。即使是同一块石头也可以。"

只要你看得足够久,任何事情都会变得有趣。

—— 文学家古斯塔夫·福楼拜(Gustave Flaubert)

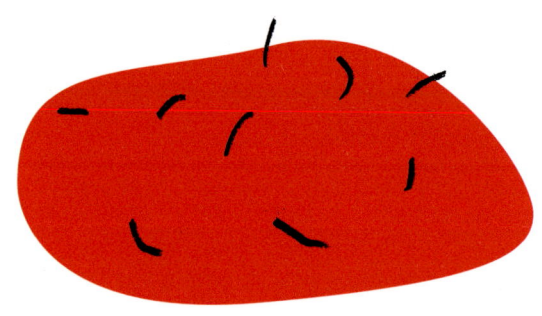

同情一块石头

据玛丽亚·波波娃（Maria Popova）说，移情的概念起源于对艺术的沉思。她以马克·罗斯科（Mark Rothko）为例，认为如果某人被他的一幅画所感动，就是正在体验罗斯科创作时的某种情感。

但她写道："随着艺术和科学的交叉融合，主要是从心理学的角度，移情被输入到了大众文化中。"波波娃在她的主页 BrainPickings.org 发布的一篇文章中，特别指出了哲学家特奥多尔·李普斯（Theodor Lipps）的见解，他对艺术的影响特别感兴趣。"李普斯移情理论的核心是他的洞察概念。这是一种有意识的观察。"她继续说。为了更具体地定义这个术语，她引用了雷切尔·科贝特（Rachel Corbett）的话，后者在《你必须改变你的人生》（*You Must Change Your Life*）一文中提出：

例如，如果面对一块岩石，应从凝视其岩石成形之处开始。然后，观察者应继续观察，直到自己的中心开始下沉，岩石在他体内也形成了石质的重量。它是一种发生在身体内部的感知，它要求观察者既是观察者又是被观察者。用同理心去观察，不仅用双眼，还要用皮肤。

换句话说，对岩石进行分类、描述并记忆它的固有属性是一回事。而对一块石头、一件艺术品或任何其他的物体感同身受，又完全是另一回事。

试试这么做。

采访一个物体

👁 👁

在纽约现代艺术博物馆的一个展览中,策展人保拉·安托内利(Paola Antonelli)就物质文化这一主题采访了一些人。其中一个问题很特别:你愿意带什么东西一起去吃午饭?

感知一个物体,有种方法是考虑它所能引发的问题——即便它无法回答。

然而,如果你可以询问你的电脑是在哪里、如何被组装的,或者和你继承的祖母项链讨论一下它所见证过的世界,或者问问一枚硬币是如何被丢落在人行道上的——你会去问吗?

试着想出一件物品,以及只有它本身才能回答的问题。思考一下你会对这件物体提出什么问题,就能弄清楚你在它身上看到了什么,以及它对你意味着什么。

我花了一段时间才找到最想提问的对象。最后我决定选原子弹。

我有很多问题想问。这样的一件物体,会如何看待它自己?

拥抱分心

肯尼斯·戈德史密斯（Kenneth Goldsmith）在他那本迷人的书《在互联网上浪费时间》（*Wasting Time on the Internet*）里，为我们充斥着分心的生活提供了令人愉悦的辩护。他写道："安德烈·布勒东（André Breton）提出'梦游是一种最普遍的社交状态'，那些迷失在手机里的行人，对周围环境漠不关心，与远方的他人社交，就像梦游者一样。他们既在场又缺席——而这种清醒与沉睡之间的暮光，难道不就相当于超现实主义者创作艺术时的理想状态吗？"

戈德史密斯还写道："得益于互联设备，我们被一种新的电子集体无意识所淹没，我不禁注意到，我们已经变得非常善于分心了。布勒东会很高兴的。"

简言之，分心就是——不管多么短暂，只要把注意力集中于除了你想注意的事情之外的任何其他事物上的——专注的一种形式。

留心。

吃惊。

聊一聊。

—— 诗人玛丽·奥利弗（Mary Oliver）

这意味着，如果我们苛求严守专注的训导，就会错过分心可能带来的惊喜。戈德史密斯写道："没错，分心可能意味着错过了主要事件。但如果没人知道主要事件是什么或在哪里呢？"

这本书的结尾是一长串关于在互联网上浪费时间的建议，或者说，其实是关于科技的建议。比起不假思索地沉沦于数码时代的洪流，这些建议更积极、更具颠覆性。戈德史密斯的许多想法，操作起来都相当费事。例如："使用谷歌地图的卫星视图，拼凑一个新的城市。给它起个名字，然后为它制定法律。"

但他也有一个简便的办法，说明了如何拥抱分心，刻意专注分心：

"在公共场所，"戈德史密斯建议，"用手机录下你听到的噪声。然后去一个安静的私密场所播放来听。**把录音也发给朋友们，让他们猜猜这噪声来自哪里。**"

珍惜"残渣"

"残渣是最甜的饮料。"里克·普里林格（Rick Prelinger）曾经写道。为了证明这一点，你只需要看看《不再有公路旅行了吗？》(*No More Road Trips?*)就可以了。这是他创作的几部长篇电影之一，完全是由废旧的、被遗弃的家庭电影片段交织而成。通过收集和挖掘这些"残渣"，他以巧妙的方式探索了20世纪中叶美国公路旅行的全盛时期。

几年前，我在北卡罗来纳州达勒姆市举办的全画幅纪录片电影节上观看了《不再有公路旅行了吗？》，普雷林格对今天制作家庭电影的观众提出的建议让我印象深刻。"请你们拍下加油站。"

后来，我请他就此深入谈一谈。他说："当人们拿起家用摄像机，透过它去观看时，通常会拍摄一些他们喜欢的人或事物。因此，任何一部家庭电影，大部分内容都是如画般美丽的花朵、山脉、蓝天，以及其他类似我们今天会发布在Instagram里充满审美愉悦的画面。"

他接着说："然而更有价值的应该是那些以日常生活为特色的内容。"他最爱的家庭电影之一，来自一位到处旅行的可口可乐销售员。出于一些我们永远也不会知道的原因，他拍摄了20世纪30年代早期俄亥俄州南部地区"最萧条、最艰苦的杂货店"。

普里林格总结道，作为"最难记住的事物"，加油站就是一个好例子。"我们能记住迪士尼乐园，也能记得大峡谷的样子。但是，这些地方再看一次又能多有趣呢？"他说，"我向你保证，如果你拍摄

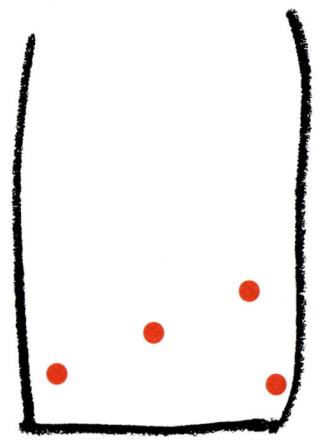

那些彩票贩子、烟火摊或加油站——现在的加油泵都装有电视——或者便利店,在你和店员之间装有防弹隔板的那种——它们才是今天公路旅行中最值得记录的。这些都是随着时间的推移会发生变化的事物,与我们所处的历史时代息息相关。这才是我们应该拍摄的。"

这是一项令人瞩目的挑战:我们这个时代的哪些日常细节,对后代而言最能说明问题、最有说服力?它们几乎难以被发现,而且记录它们看起来多少有点疯狂。**但是,即使只是试图找出那些典型的无趣事物,也可能是具有启示性的。**

而这也是普里林格在不久前写的一篇宣言《论现存物质的美德》（*On the Virtues of Preexisting Material*）中，鼓励人们颂扬"残渣"时的一个例子。

早在二十世纪八九十年代，普里林格就收集过一批旧的工业电影和教育电影。这些东西在当时大多被忽视或弃用，但他不仅找到了它们，还以坚定的决心收购了它们。随着时间的推移，他说服其他人看到这些宝藏的重要性，最终它们被美国国会图书馆收藏。

他在宣言中写道："公司制作的电影中包含的劳动人民的历史让我印象深刻。"他指着1936年一部旨在美化雪佛兰汽车量产的电影说："为了摘录出这些段落，你必须有选择地调用。但它们就在这里，如此雄辩。"

"这部片子真正揭示的是弗林特[1]的工作是多么的基础、危险、乏味。"他写道，"这是一部几乎没人看过的电影，而现在它被国家电影名册（National Film Registry）收录。它曾经就是剩下的残渣——在1983年一个寒冷的日子，我付钱给某个人，让他别丢掉那部片子。"

---

1. 密歇根州的一个城市，雪佛兰公司的工厂在此地建有工厂。

追踪月亮

科技与文化评论家道格拉斯·拉什科夫(Douglas Rushkoff)在其著作《当下冲击:当一切都发生在现在》(*Present Shock: When Everything Happens Now*)中,哀叹我们许多人都过着脱节的生活,并鼓励读者与自然世界建立联系。

在被采访者问及应对"当下冲击"的小窍门时,他这么说:"试着对你正处于一天中的哪个时刻,以及月亮正处于哪个相位保持关注……试着每晚看看夜空。"

是啊,人类这个物种在大部分时间里,我猜测,都对月亮保持着敏锐的觉知,因为它是夜空中最显著的东西,也是时间周期性的标志。

你知道月亮现在处于什么相位吗?

再做一次

👁 👁

艺术家亚当·亨利（Adam Henry）在他的作品中使用重复的手法，"以设置比较参数，减慢观看体验"。这反映了他自己的文化消费习惯。他告诉在线艺术杂志《超过敏》(*Hyperallergic*)："重读一本书，或一遍又一遍地看同一部电影，是我理解和研究事物背后逻辑的一种方式。在过去的3年里，我每次旅行都反复读同一本书。我想我已经读了9遍了。试图真正了解这本书，以及它的内容如何随着我阅读的地点而改变，这是一种不可思议的体验。"顺便说一句，这本书是阿根廷作家阿道夫·比奥伊·卡萨雷斯（Adolfo Bioy Casares）所著的《莫莱尔的发明》(*The Invention of Morel*)。

我猜我们都对重复性的文化消费有着复杂的感受。有太多的东西需要接收，还有太多的事情要做、要享受——不仅仅是那些新的，还有那些我们还没腾出时间去看的经典。这使得重复体验一件受到偏爱的已知作品成了一种邀遏的行为。

抵抗这种感觉。现在就去挑选一些给你留下深刻印象的文化产品，并把重温它作为首要任务。

或许这次经历会令你失望，也或许会让你精神振奋。没关系，接受它的本来面目就好。

想想你有什么变化，又有什么不曾改变，想想一年后你是否还想重温这件作品。

尽量让答案是肯定的，并努力贯彻到底。

品鉴一些糟糕的东西

🔴 🔴 🔴

高亢的鼻音,迷人的咯咯笑声,和对城市所有精彩细节极富感染力的热情,绰号"快嘴"蒂莫西·列维奇(Timothy "Speed" Levitch)会是你遇到的最难忘的导游。他从 20 世纪 90 年代初开始,断断续续地在旧金山、堪萨斯城、纽约和其他一些地方从事这项工作。他为赞助商纽约官方观光巴士所做的关于纽约市的非凡描述——以狂喜的独白和令人眩晕的咆哮,讲述红砖建筑的荣耀和网格街道模式的难言之耻——为 1998 年一部极具娱乐性的纪录片《纽约巡游》(*The Cruise*)提供了蓝本。

你可以把列维奇所说的"巡游"当作在世间移动的两种模式之一。另一种模式,也是更常见的那种,他称之为通勤觉知。"我相信,通勤始于一个时刻,即想要到达目的地的强烈欲望比我们的生命更鲜活的那一刻。"他曾经解释道,"**通勤,主动动词,是一种假设,即:现在这个星球上的每个家伙都挡了我的路。**"

说完这话,他停下来咯咯地笑了,然后描述了另一种与之不同的思维方式。"**巡游,也是一个动词,主动动词,是对你周围即时之美的即时欣赏。**"他接着说,"这是一种天然的抗抑郁剂。"

列维奇提供了一种他所谓的"高峰时段之旅"。参与者下午 5 点在纽约的大中央车站中心的问讯处集合——正是在绝对没有人愿意去那里的时段。列维奇咯咯地笑了起来:"没错……这是一次大家都想逃离的旅行。"

为了让他的旅行团进入恰当的思维框架,他告诉参与者,这个团队将进驻古希腊歌队的思维模式,解构在他们面前展开的动作;戏仿——正如在他们表演的戏剧中——分析占据我们世界舞台的行为背后潜在的意义。"一个私人的古希腊歌队,"他解释,"观察、评论、参与——但不是真正的投入。"在情景中,但不在情景里。"最终,"他说,"你会把高峰时段看作是我们彼此互联的戏仿之舞。"

为了解释它的意义,列维奇举了一个有趣的例子:"品鉴那阵鸣笛声。"

当团队离开中央火车站,进入中城交通过度繁忙的街道,踏进汽车马达和鸣笛声时,他会使用这个戏法(他坦率地对我描述了这个诀窍)。"当城市中一阵阵不同的鸣笛声闯入你的当下,"他让大家,"花点时间品味、鉴赏它们,感受它们的音量、强度、背景和持续时间。"

有时,他会在一声令人讨厌的鸣笛之后说这些话,并让大家继续描述这些令人不安的细节:它的音调与其他鸣笛声相比如何,它的持续时间对鸣笛者的目的有什么暗示,哪种类型的车辆会发出这种声音,等等。但几乎总会发生同样的情况——他刚勾勒完城市鸣笛的大致概念,一个特别刺耳的例子就会打断他。"城市,"他说,"是一个天才的杂耍伙伴。"

你可以"品鉴"任何东西——越不讨喜的主题越好。列维奇承认,他的一些客户并不欣赏这种"节目",因为这就是让他们重新去注意一些早已训练自己习惯于置之不理的东西。而这恰恰是这种做法的魅力所在:把平淡生活中的干扰信号转化为一种可被品味的东西。

"巡游"的真正诀窍是,我们能够在最平凡的时刻体验它——在无聊的工作、乏味的任务或恼人的场景中巡游。这是一种应对策略。列维奇的家人在他小时候搬到了郊区，他从小就有一种与世隔绝的感觉。"我想，也许这就是我最初的本能需求，我想欣赏即刻的美。"他说，"因为如果我不把郊区变得有趣，我就完蛋了。这有点像一部动作惊悚片——而好奇心就是其中的英雄。"

列维奇观察到，作为一名导游，他经常会遇到一些似乎在"拼命度假"的人。他们以工作的方式休闲，就像从事一些糟糕的职业，散发着期望落空的痛苦。"我做的是 9 小时班的工作。"他说，"但我肯定我比他们更像在度假。"他在其他地方也提出过这个想法。Lebenskünstler[1]，是一个难以翻译的德语词，根据定义，它指的是以艺术家的激情和灵感对待生活的人，尽管他并没有从事艺术家的工作。

曾经有采访者问列维奇，问"巡游"本质上是不是一种佛教观念。他回答说："也许欣赏外在世界的美，最终的确是在欣赏内在的美。"我相信就是这样。

---

1. 德语中"leben"意为生活，"skünstler"意为"艺术家"。

和自己约会

几年前,喜剧演员兼电影制片人迈克·伯比利亚(Mike Birbiglia)意识到,尽管他严谨地安排自己的时间来处理各种项目和任务,他还是忽视了一些东西。"我会出席例如午餐会、商务会议这样的场合,但我从来没有出席过与自己的会面。"他告诉采访者,"于是我在床边写了一张纸条——这太老套了——'迈克!你早上7点在小贩咖啡馆(Café Pedlar)有一个约会……与你的心灵'。"

用这种方式封锁时间,是有力量的。伯比利亚的方法让我想起了作家朱莉娅·卡梅伦(Julia Cameron)的一个建议,这也是她非常受欢迎的书《创意,是一笔灵魂交易》(*The Artist's Way*,中译本于2012年由中国人民大学出版社出版,书名为《艺术家之路》)的核心内容。卡梅伦指导她的学生——其课程是围绕恢复创造力这一理念而设立的——每周安排一次"艺术家约会"。正如她所描述的那样,这意味着"每周一次的、节日性的、独自一人的远征,去探索你感兴趣的东西"。没有重要的他者,没有需要照看的侄女,只为你自己。

对于卡梅伦来说,这是为你内心的艺术家或艺术家的理想而准备的——不必非得涉及一场正式的博物馆之旅。**"你要努力去做的,从某种程度上讲,是让自己入迷。"**她曾说。

这毕竟是一次约会。我的一个朋友,戴安娜·金博尔·柏林(Diana Kimball Berlin),以自己的方式完成了整个"艺术家之路"计划,并在博客上写下了她的经历。举例来说,她的艺术家约会包括在艺术用品店购物、出席一场大提琴表演、参观一个巴厘岛主题的水疗中心，以及去一家在集装箱里的冰沙店，然后去看一部纪录片。

卡梅伦发现，奇怪的是，人们往往会抵触这种为自己奉献时间的指导。"我们理解工作伦理，"她思索道，"所以我们会为自己的创造力而工作。但我们不一定会为创造力而玩乐。**然而玩乐是绝对必要的。**"

卡梅伦并不是唯一相信这种个人时间价值的人。关注生活的《纽约时报》"智慧生活"（Smarter Living）简报曾建议："花时间去反思。把它安排在你的日程上，给自己留出思考的空间。即使每两周只花几个小时的时间，你也会有所进步。"

而一组学术研究人员，专门研究如何充分利用——或至少是合理应对——通勤时间，提出了"自由口袋"的概念。这就将关注转向了"什么是个人可以控制的东西"，即如何度过自己的时间。也许正如《哈佛商业评论》(*Harvard Business Review*)中所描述的那样，他们的项目中最值得注意的是，"自由口袋"这个短语是从一位研究者的姨妈口中借来的，姨妈早年在纳粹占领的波兰贫民区生活过。

研究人员写道："无论她有多饿、多累、多害怕，她每晚都会和侄女一起，花一小时的时间做一些创造性的活动——她后来指出，这种做法帮助她活了下来。"当然，如果连生活在那种环境中的人都能抽出一个小时，那么我也可以，你也可以。

所有这些概念都有所区别，但又在基本的意义上相似。

- 安排创造性的玩乐
- 安排自我反思
- 安排专注于特定的爱好

他们的共同点在于抽出时间去关注对你来说真正重要的事情——这是一种调整我们被日程安排与日常事务占据了太多注意力的文化的柔术。

当伯比利亚与自己会面时,他正在创作一个剧本,已思考了很久。你不需要把与自己相处的时间花在做什么工作上。也许你只需要出现在小贩咖啡馆(或任何地方),并承诺绝不会从你想要思考的事情上分心。

体验你所处的地方。思考一些私事。或者,承诺自己执行本书中的任意一个练习。

我们很容易把时间花在各种事情上,承诺本不需要承诺的义务。请劫持这种本能,转而把承诺给予我们自己。为自己而活也许并不难。

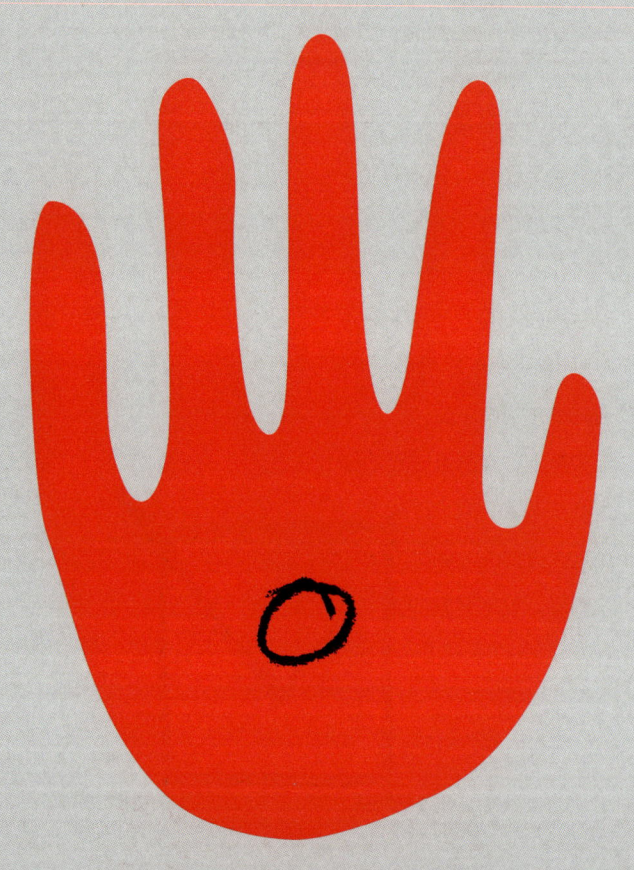

在意

我将以一个想法结束全文。这个想法来自我曾经的学生米格尔·奥利瓦雷斯(Miguel Olivares)。关于我布置的"练习用心观察"的任务,他以近乎道歉的语气汇报了他的解决方案——他十分担心自己理解错了作业。他解释说,他给仙人掌做了一个花盆。之所以这么做,是出于这样一条理论:"通过培育或照顾某物,你会更加关注它。"

虽然这并不是我心中所想的,但他完成了任务。对初学者来说,有无数种方法来定义"用心观察"。就连我这份长达一本书的清单,也只是略举几例而已。

但实际上,在意是一切的核心。

这些练习和思考的目的是为了帮助你决定你想要在意什么——从而决定你想要关心哪些人和事物。

说到底,就是观察的艺术,也是观察带来的乐趣。

我们的生活经验等同于我们所专注的事物，
不管是主观选择还是习惯性为之。

——心理学家威廉·詹姆斯（William James）

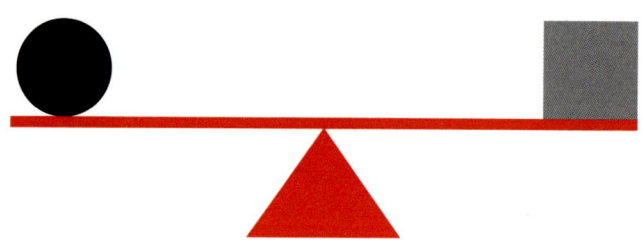

后 记

发明一个关于观察的练习

最后一件事。

也许在探索本书的过程中,你会有自己的想法,想到一些你可以做的有趣的或具有挑战性的点子,帮助你用更实用、更好玩的方式观察事物。即使你还没有想到十分具体的做法,只是有一两个酝酿中的想法,我也十分鼓励你将其探寻下去。如果你需要的话,可以从头翻翻这本书,发明自己的练习。

尝试一下。

把你发明的方法告诉你的朋友,或者用任何你喜欢的方式分享它。也可以告诉我——欢迎在 robwalker.net/noticing 与我联系,或者订阅《观察的艺术》(*The Art of Noticing*)简报。

我很想听听你想到了什么——以及你观察到了什么。

致　谢

对很多人，我都深表谢意。千言万语，唯有感谢。

感谢艾伦·乔奇诺夫（Allan Chochinov）和全体教职员工，以及视觉艺术产品设计学院的所有学生。

谢谢你们：维拉·提图尼克（Vera Titunik）、乔什·格伦（Josh Glenn）、辛西娅·乔伊斯（Cynthia Joyce）、奥斯汀·克莱恩（Austin Kleon）、凯特·宾格曼-伯特（Kate Bingaman-Burt）。

谢谢你们：肯尼思·戈德史密斯（Kenneth Goldsmith）、保罗·卢卡斯（Paul Lukas）、马克·韦登鲍姆（Marc Weidenbaum）、保拉·安东内利（Paola Antonelli）、尼克·格雷（Nick Gray）、亚历克斯·卡尔曼（Alex Kalman）、尼娜·卡查多里安（Nina Katchadourian）、戴维·罗斯巴特（Davy Rothbart）、查理·托德（Charlie Todd）、斯皮德·莱维奇（Speed Levitch）、丽塔·J. 金（Rita J. King）、丹·艾瑞利（Dan Ariely）、里克·普林格（Rick Prelinger）、英格丽·费特尔·李（Ingrid Fetell Lee）、塞思·戈丁（Seth Godin）、莎拉·里奇（Sarah Rich）、卢西安·詹姆斯（Lucian James）、烂苹果（Rotten Apple）、卡拉·戴安娜（Carla Diana）、杰夫·马诺（Geoff Manaugh）、尼古拉·特威利（Nicola Twilley）、伊森·海因（Ethan Hein）、费斯·莱文（Faythe Levine）、汤姆·魏斯（Tom Weis）、吉

姆·库达尔（Jim Coudal）、马修·弗莱·雅各布森（Matthew Fry Jacobson）、马特·格林（Matt Green）、威廉·赫尔姆赖奇（William Helmreich）、黛比·米尔曼（Debie Millman）、查尔斯·杜希格（Charles Duhigg）和贝丝·莫舍（Beth Mosher）。

谢谢爱丽丝·特温洛（Alice Twemlow）与莫莉·海因茨（Molly Heintz），以及SVA D*Crit设计研究暑期强化项目的工作人员和参与者。

谢谢你们：史蒂文·海勒（Steven Heller）、安德鲁·勒兰（Andrew Leland）、亚历克斯·鲍克（Alex Balk）、史黛西·斯威策（Stacy Switzer）、G. K. 达比（G. K. Darby）、大卫·邓顿（David Dunton）、大卫·希尔兹（David Shields）。

谢谢，谢谢，谢谢，马特·麦高恩（Matt McGowan）。

谢谢奥利弗·芒戴（Oliver Munday）与彼得·门德尔桑德（Peter Mendelsund）！谢谢桑尼·梅塔（Sonny Mehta）、克里斯·吉莱斯皮（Chris Gillespie）、保罗·博加兹（Paul Bogaards）、艾琳·哈特曼（Erinn Hartman）、瑞秋·费舍莱瑟（Rachel Fershleiser）、艾米莉·墨菲（Emily Murphy）、凯利·布莱尔（Kelly Blair）、玛吉·亨德斯（Maggie Hinders）、丽塔·马德里加尔（Rita Madrigal）、南希·英格利斯（Nancy Inglis）、丽莎·西尔弗曼（Lisa Silverman）、洛丽·杨（Lorie Young）以及阿尔弗雷德·A. 克诺夫（Alfred A. Knopf）的整个团队。玛丽亚·戈尔德维格（Maria Goldverg），我非常感谢你。

谢谢爸爸妈妈——我爱你们。

感谢你，E，说多少次都不够，永远感谢你为我所做的一切。

参考资料与拓展阅读

本书中写的种种提议,其灵感来源包括众多的参考资料、对话和采访,相关引注在文中随处可见。以下是更多具体引用、其他资料来源,以及进一步阅读的建议。欲了解更多信息,请访问主页 robwalker.net/noticing。

Anderson, Sam. "Letter of Recommendation: Looking Out the Window." *The New York Times Magazine,* April 9, 2016.

Ariely, Dan. *Predictably Irrational: The Hidden Forces That Shape Our Decisions.* New York: Harper Perennial, 2009.

Berger, John. *Ways of Seeing.* London: Penguin, 1972.

Bogost, Ian. *Play Anything: The Pleasures of Limits, the Uses of Boredom, and the Secret of Games.* New York: Basic Books, 2016.

Brunner, Bernd. "The Art of Noises: On the Logic of Sound and the Senses." *The Smart Set,* September 1, 2015. https://thesmartset.com/the-art-of-noises/.

Burrington, Ingrid. *Networks of New York: An Illustrated Field Guide to Urban Internet Infrastructure.* Brooklyn, NY: Melville House Publishing, 2016.

Calle, Sophie. *Suite Vénitienne.* Catskill, NY: Siglo, 2015.

Cameron, Julia. *The Artist's Way: A Spiritual Path to Higher Creativity,* 25th anniversary ed. New York: Tarcher Perigee, 2016.

Carr, Nicholas. *The Glass Cage: Automation and Us.* New York: W. W. Norton & Company, 2014.

Carroll, Lewis. *Eight or Nine Wise Words About Letter-Writing.* https://www.gutenberg.org/files/38065/38065-h/38065-h.htm.

Clébert, Jean-Paul. *Paris Vagabond,* trans. Donald Nicholson-Smith. New York: New York Review Books, 2016.

Dawson, Peter. *The Field Guide to Typography: Typefaces in the Urban Landscape.* New York: Prestel Publishing, 2013.

Forbes, Rob. *See for Yourself: A Visual Guide to Everyday Beauty.* San Francisco: Chronicle Books, 2015.

Garrett, Bradley L. *Explore Everything: Place-Hacking the City.* New York: Verso, 2013.

Glenn, Joshua, and Carol Hayes. *Taking Things Seriously: 75 Objects with Unexpected Significance.* New York: Princeton Architectural Press, 2007.

Goldsmith, Kenneth. *Uncreative Writing: Managing Language in the Digital Age.* New York: Columbia University Press, 2011.

———. *Wasting Time on the Internet.* New York: Harper Perennial, 2016.

Harris, Jacob. "Why I Like to Instagram the Sky." *The Atlantic,* March 14, 2016. www.theatlantic.com/technology/archive/2016/03/sky-gradients/473034/.

Helmreich, William. *The New York Nobody Knows: Walking 6,000 Miles in the City.* Princeton, NJ: Princeton University Press, 2013.

Henshaw, Victoria. *Urban Smellscapes: Understanding and Designing City Smell Environments.* New York: Routledge, 2013.

Horowitz, Alexandra. *On Looking: A Walker's Guide to the Art of Observation.* New York: Scribner, 2013.

"How to Read a Landscape." www.williamcronon.net/researching/landscapes.htm.

Huxtable, Ada Louise. *Kicked a Building Lately?* Oakland: University of California Press, 1989.

Hwang, Tim, and Craig Cannon. *The Container Guide.* New York: Infrastructure Observatory Press, 2015.

Hyde, Lewis. *Trickster Makes This World: Mischief, Myth, and Art.* New York: Farrar, Straus and Giroux, 1998.

Kent, Sister Corita, and Jan Steward. *Learning by Heart: Teachings to Free the Creative Spirit,* 2nd ed. New York: Allworth Press, 2008.

Kleon, Austin. *Steal Like an Artist: 10 Things Nobody Told You About Being Creative.* New York: Workman, 2012.

Krouse Rosenthal, Amy. *Textbook Amy Krouse Rosenthal.* New York: Dutton, 2016.

Langer, Ellen J. *Mindfullness: 25th Anniversary Edition.* Boston: Da Capo Press, 2014.

Manaugh, Geoff. *A Burglar's Guide to the City.* New York: Farrar, Straus and Giroux, 2016.

Montague, Julian. *The Stray Shopping Carts of Eastern North America: A Guide to Field Identification.* New York: Harry N. Abrams, 2006.

Nelson, George. *How to See: A Guide to Reading Our Man-Made Environment.* Oakland, CA: Design Within Reach, 2003.

Oliveros, Pauline. *Deep Listening: A Composer's Sound Practice.* Lincoln, NE: iUniverse, 2005.

Paper Monument, ed. *Draw It with Your Eyes Closed: The Art of the Assignment.* Brooklyn, NY: Paper Monument, 2012.

Perec, Georges. *An Attempt at Exhausting a Place in Paris,* reprint ed., trans. Marc Lowenthal. Cambridge, MA: Wakefield Press, 2010.

Pillemer, Karl. *30 Lessons for Living: Tried and True Advice from the Wisest Americans,* reprint ed. New York: Avery, 2012.

Prelinger, Rick. "On the Virtues of Preexisting Material." *Contents,* issue no. 5. http://contentsmagazine.com/articles/on-the-virtues-of-preexisting-material/.

Roberts, Veronica, ed. *Nina Katchadourian: Curiouser.* Austin, TX: Blanton Museum of Art, 2017.

Rushkoff, Douglas. *Present Shock: When Everything Happens Now.* New York: Current, 2013.

Russell, Jay D. "Marcel Duchamp's Readymades: Walking on Infrathin Ice." www.dada-companion.com/duchamp/archive/duchamp_walking_on_infrathin_ice.pdf.

Schwartz, Barry. *The Paradox of Choice: Why Less Is More,* rev. ed. New York: Ecco, 2016.

Shepard, Sam, and Johnny Dark. *Two Prospectors: The Letters of Sam Shepard and Johnny Dark.* Austin: University of Texas Press, 2013.

Stark, Kio. *When Strangers Meet: How People You Don't Know Can Transform You.* New York: Simon & Schuster/TED, 2016.

Suzuki, Shunryu. *Zen Mind, Beginner's Mind: Informal Talks on Zen Meditation and Practice.* Boulder, CO: Shambhala, 2011.

Vanderbilt, Tom. *You May Also Like: Taste in an Age of Endless Choice.* New York: Simon & Schuster, 2016.

Wechsler, Lawrence. *Seeing Is Forgetting the Name of the Thing One Sees,* expanded ed. Berkeley and Los Angeles: University of California Press, 2008.

Wright, Robert. *Why Buddhism Is True: The Science and Philosophy of Meditation and Enlightenment.* New York: Simon & Schuster, 2017.

Wu, Tim. *The Attention Merchants: The Epic Scramble to Get Inside Our Heads.* New York: Alfred A. Knopf, 2016.

Zomorodi, Manoush. *Bored and Brilliant: How Spacing Out Can Unlock Your Most Productive and Creative Self.* New York: St. Martin's Press, 2017.

Zuccotti, Paula. *Everything We Touch: A 24-Hour Inventory of Our Lives.* New York: Viking, 2015.

重要媒体评论

《观察的艺术》探讨的其实是阅读——文字与非文字的阅读。这正是我们现在越来越主流的阅读方式,也是一直存在的阅读方式。沃克鼓励我们对世界进行非文字阅读,少一点批判,多一些开放的视野。
　　——莱尼·沙普顿(Leanne Shapton),《留言簿》(*Guestbook*)与《游泳研究》(*Swimming Studies*)作者

注意力是一种宝贵的资源,一种被我们傻傻浪费掉的资源;注意力也是一块肌肉,一块轻松就能练出来的肌肉。在这本令人耳目一新的实操手册中,罗伯·沃克为我们提供了131种珍惜并改善专注力的方法。
　　——赛斯·柯丁(Seth Godin),《这就是营销》(*This is Marketing*)作者

如果你想要过更有趣、更富创造力的生活,首先要做的就是开始更好地关注它。在《观察的艺术》中,罗伯·沃克引导读者探索日常生活,我在书中发现了很多"值得一偷"的东西,你也一起来吧。
　　——奥斯汀·克莱恩(Austin Kleon),纽约时报畅销书《像艺术家一样"偷窃"》(*Steal Like an Artist*)作者

罗伯·沃克延续了约翰·伯格、苏珊·桑塔格和乔治·纳尔逊的观点，引导大家不只是看，而是要看见，并指出两者间的重要区别。他以引人入胜的方式解释了"为什么观察是创新的第一步"。

——迈克尔·比鲁特（Michael Bierut），《设计观察家》（Design Observer）杂志联合创始人与《现在你看到了及其他设计散文》（Now You see it and others essays on design）作者

从"一次只做一件事"到"手机静默周"，《观察的艺术》提供了各种妙趣横生又具体可行的策略，让你学会感受身边的世界。这本令人愉悦的生活指南赞扬了"专注力"的重要性，提升我们的感官，引导人们好好过生活。

——汤姆·范德比尔特（Tom Vanderbilt），畅销书《交通》（Traffic）与《你可能也会喜欢》（You May Also Like）作者

罗伯·沃克的作品一直很精彩，因为他独具匠心，能注意到别人没有注意到的东西。在这本新书里，他基本上把他所有的观察秘诀都传授给了大家。

——瑞安·霍利迪（Ryan Holiday），畅销书《自我是敌人》（Ego is the Enemy）与《障碍是道路》（The Obstacle is the way）作者

近半个世纪前，艺术大师约翰·伯格的经典之作《观看之道》改变了历史，打破艺术仅归属于精英阶层的迷思，阐释艺术与普罗大众之间的密切关系。如今罗伯·沃克进一步以《观察的艺术》一书为实践指南，为当代身陷白噪声的凡夫俗子，提供了有效的提升五感的创意法门。

——中国台湾艺评家谢佩霓